高含硫气田职工培训教材

高含硫气田 HSE 管理

陈惟国　陶祖强　编著

中国石化出版社

内容提要

本书主要内容包括 HSE 的发展历程，中国石化 HSE 管理体系要素，国际知名石油企业 HSE 管理的典型经验和有效做法；高含硫气田的职业卫生与健康管理，危害识别与风险评估，消防与气防管理，应急管理，环境保护等。详细介绍了普光分公司 HSE 管理取得的丰硕成果、体系建设中遇到的问题和解决办法，是企业 HSE 管理水平的真实写照。本书适合高含硫化氢气田及其他石油石化企业的管理人员和企业员工阅读。

图书在版编目（CIP）数据

高含硫气田 HSE 管理 / 陈惟国，陶祖强编著. —北京：中国石化出版社，2014.7
高含硫气田职工培训教材
ISBN 978 - 7 - 5114 - 2912 - 4

Ⅰ.①高… Ⅱ.①陈… ②陶… Ⅲ.①高含硫原油 - 气田 - 安全管理 - 职工培训 - 教材 Ⅳ.①TE38

中国版本图书馆 CIP 数据核字（2014）第 163925 号

中国石化出版社出版发行

地址：北京市东城区安定门外大街 58 号
邮编：100011 电话：(010)84271850
读者服务部电话：(010)84289974
http://www.sinopec-press.com
E-mail：press@ sinopec.com
北京科信印刷有限公司印刷
全国各地新华书店经销
*
787×1092 毫米 16 开本 11 印张 167 千字
2014 年 8 月第 1 版 2014 年 8 月第 1 次印刷
定价：48.00 元

高含硫气田职工培训教材

编写委员会

主　　任：王寿平　　陈惟国

副主任：盛兆顺

委　　员：郝景喜　　刘地渊　　张庆生　　熊良淦　　姜贻伟

　　　　　陶祖强　　杨发平　　朱德华　　杨永钦　　吴维德

　　　　　康永华　　孔令启

编委会办公室

主　　任：陶祖强

委　　员：马　洲　　王金波　　程　虎　　孔自非　　邵志勇

　　　　　李新畅　　孙广义

教材编写组

组　　长：熊良淦

副组长：廖家汉　　邵理云　　臧　磊　　张分电　　焦玉清

　　　　　马新文　　苗　辉

成　　员：李国平　　朱文江　　时冲锋　　洪　祥　　肖　斌

　　　　　姚建松　　周培立　　苗玉强　　陈　琳　　樊　营

序

2003 年,中国石化在四川东北地区发现了迄今为止我国规模最大、丰度最高的特大型整装海相高含硫气田——普光气田。中原油田根据中国石化党组安排,毅然承担起了普光气田开发建设重任,抽调优秀技术管理人员,组织展开了进入新世纪后我国陆上油气田开发建设最大规模的一次"集团军会战",建成了国内首座百亿立方米级的高含硫气田,并实现了安全平稳运行和科学高效开发。

普光气田主要包括普光主体、大湾区块(大湾气藏、毛坝气藏)、清溪场区块和双庙区块等,位于四川省宣汉县境内,具有高含硫化氢、高压、高产、埋藏深等特点。国内没有同类气田成功开发的经验可供借鉴,开发普光气田面临的是世界级难题,主要表现在三个方面:一是超深高含硫气田储层特征及渗流规律复杂,必须攻克少井高产高效开发的技术难题;二是高含硫化氢天然气腐蚀性极强,普通钢材几小时就会发生应力腐蚀开裂,必须攻克腐蚀防护技术难题;三是硫化氢浓度达 1000ppm(1ppm $= 1 \times 10^{-6}$)就会致人瞬间死亡,普光气田高达150000ppm,必须攻克高含硫气田安全控制难题。

经过近七年艰苦卓绝的探索实践,普光气田开发建设取得了重大突破,攻克了新中国成立以来几代石油人努力探索的高含硫气田安全高效开发技术,实现了普光气田的安全高效开发,创新形成了"特大型超深高含硫气田安全高效开发技术"成果,并在普光气田实现了工业化应用,成为我国天然气工业的一大创举,使我国成为世界上少数几个掌握开发特大型超深高含硫气田核心技术的国家,对国家天然气发展战略产生了重要影响。形成的理论、技术、标准对推动我国乃至世界天然气工业的发展作出了重要贡献。作为普光气田开发建设的实践者,感到由衷的自豪和骄傲。

在普光气田开发实践中，中原油田普光分公司在高含硫气田开发、生产、集输以及 HSE 管理等方面取得了宝贵的经验，也建立了一系列的生产、技术、操作标准及规范。为了提高开发建设人员技术素质，2007 年组织开发系统技术人员编制了高含硫气田职工培训实用教材。根据不断取得的新认识、新经验，先后于 2009 年、2010 年组织进行了修订，在职工培训中发挥了重要作用；2012 年组织进行了全面修订完善，形成了系列《高含硫气田职工培训教材》。这套教材是几年来普光气田开发、建设、攻关、探索、实践的总结，是广大技术工作者集体智慧的结晶，具有很强的实践性、实用性和一定的理论性、思想性。该教材的编著和出版，填补了国内高含硫气田职工培训教材的空白，对提高员工理论素养、知识水平和业务能力，进面保障、指导高含硫气田安全高效开发具有重要的意义。

随着气田开发的不断推进、深入，新的技术问题还会不断出现，高含硫气田开发和安全生产运行技术还需要不断完善、丰富，广大技术人员要紧密结合高含硫气田开发的新变化、新进展、新情况，不断探索新规律，不断解决新问题，不断积累新经验，进一步完善教材，丰富内涵，为提升职工整体素质奠定基础，为实现普光气田"安、稳、长、满、优"开发，中原油田持续有效和谐发展，中国石化打造上游"长板"作出新的、更大的贡献。

2013 年 3 月 30 日

前　言

　　普光气田是我国已发现的最大规模海相整装气田，具有储量丰度高、气藏压力高、硫化氢含量高、气藏埋藏深等特点。普光气田的开发建设，国内外没有现成的理论基础、工程技术、配套装备、施工经验等可供借鉴。决定了普光气田的安全优质开发面临一系列世界级难题。中原油田普光分公司作为直接管理者和操作者，克服困难、积极进取，消化吸收了国内外先进技术和科研成果，在普光气田开发建设、生产运营中不断总结，逐步积累了一套较为成熟的高含硫气田开发运营与安全管理的经验。为了固化、传承、推广好做法，夯实安全培训管理基础，填补高含硫气田开发运营和安全管理领域培训教材的空白，根据气田生产开发实际，组织技术人员，以建立中国石化高含硫气田安全培训规范教材为目标，在已有自编教材的基础上，编著、修订了《高含硫气田职工培训教材》系列丛书。该丛书包括《高含硫气田安全工程》《高含硫气田采气集输》《高含硫气田净化回收》《高含硫气田应急救援》，总编陈惟国。其中，《高含硫气田安全工程》培训教材包含《高含硫气田 HSE 管理》《高含硫气田硫化氢防护》《高含硫气田采气井控》三本，每本教材单独成册。

　　《高含硫气田 HSE 管理》为《高含硫气田安全工程》培训教材中的一本，理论基础与操作技能并重，内容与国标、行标、企标的要求一致，贴近现场操作规范，具有较强的适应性、先进性和规范性，可以作为高含硫气田职工安全培训使用，也可以为高含硫气田开发研究、教学、科研提供参考。本册教材由陈惟国、陶祖强编著。内容共分 7 章，涵盖了 HSE 管理基础知识，HSE 法律法规，职业卫生与健康，高含硫气田消防与气防，高含硫气田应急管理，高含硫气田环境保护等，第 1 章由马洲、孙广义编写，第 2 章由李国平、苗玉强编写，第 3 章由时冲锋、李振乾编写，第 4 章由秦东林、苗玉强编写，第 5 章由夏焕生、樊营编写，第 6

章由朱向莉、赵谦编写，第 7 章由杨大静、陈琳编写。本教材由苗玉强统稿。参加编审的人员有李国平、朱文江、时冲锋、洪祥、肖斌、姚建松、周培立等。

在本教材编著过程中，各级领导给予了高度重视和大力支持，熊良淦、张庆生、廖家汉、邵理云、臧磊、张分电、焦玉清、苗辉对教材进行了审定，普光分公司多位管理专家、技术骨干、技能操作能手为教材的编审修订贡献了智慧，付出了辛勤的劳动，编审工作还得到了中原油田培训中心的大力支持，中国石化出版社对教材的编审和出版工作给予了热情帮助，在此一并表示感谢！

高含硫气田开发生产尚处于起步阶段，安全管理经验方面还需要不断积累完善，恳请在使用过程中多提宝贵意见，为进一步完善、修订教材提供借鉴。

目　　录

HSE管理体系

1.1 HSE 发展历程及实施 HSE 管理体系的意义

1.1.1 HSE 的概念

国外有些专家曾这样评述过安全工作的发展过程，即 20 世纪 60 年代以前主要是通过对装备的不断完善，如利用自动化控制手段使工艺流程的保护性能得到完善，来达到对人们保护的目的。20 世纪 70 年代以后，注重了对人的行为研究，注重考察人与环境的相互关系。20 世纪 80 年代之后，逐渐发展形成了一系列全面、系统、全新的管理模式，即 HSE 一体化管理模式。HSE 管理体系是指实施健康、安全与环境管理的组织机构、职责、做法、程序、过程和资源等而构成的整体。它由许多要素构成，这些要素通过科学的运行模式有机地融合在一起，相互作用形成一套结构化动态管理系统。从其功能上讲，它是一种事前进行风险分析，确定其自身活动可能发生的危害和后果，从而采取有效的防范手段和控制措施防止其发生，以便减少可能引起的人员伤害、财产损失和环境污染的有效管理模式。它突出强调了事前预防和持续改进，具有高度自我约束、自我完善、自我激励机制，因此是一种现代化的管理模式，是现代企业制度之一。

HSE 是英文 health、safety、environment 的缩写，即健康、安全、环境。HSE 也就是健康、安全、环境一体化管理。由于健康、安全与环境管理在实际生产活动中，有着密不可分的联系，因而把健康、安全与环境整合在一起形成一个管理体系，称为 HSE 管理体系。

H（健康）是指人身体上没有疾病，在心理上（精神上）保持一种完好的状态。

S（安全）是指消除一切不安全因素，使生产活动在保证劳动者身体健康、企业财产不受损失、人民生命安全得到保障的前提下顺利进行。

E（环境）是指与人类密切相关的、影响人类生活和生产活动的各种自然力量或作用的总和。它不仅包括各种自然因素的组合，还包括人类与自然因素相互形成的生态关系的组合。

HSE 管理体系主张一切事故都可以预防的思想；全员参与的观点；层层负责制的管理模式；程序化、规范化的科学管理方法；事前识别控制险情的原理。

1.1.2 HSE 的起源

纵观 HSE 发展历程，大致可分为以下几个阶段。

1.1.2.1 HSE 管理体系的开端

1985 年，壳牌石油公司首次在石油勘探开发领域提出了强化安全管理（Enhance Safety Management）的构想和方法。1986 年，在强化安全管理的基础上，形成手册，以文件的形式确定下来，HSE 管理体系初现端倪。

1.1.2.2 HSE 管理体系的开创发展期

20 世纪 80 年代后期，国际上的几次重大事故对安全工作的深化发展与完善起了巨大的推动作用。如 1987 年的瑞士桑多兹（SANDEZ）大火，1988 年英国北海油田的帕珀尔·阿尔法平台事故以及 1989 年的埃克森（EXXON）公司瓦尔兹（VALDEZ）油轮触礁漏油等事故引起了国际工业界的普遍关注。大家都深深认识到，石油石化作业是高风险的作业，必须进一步采取更有效更完善的 HSE 管理系统以避免重大事故的发生。1991 年，在荷兰海牙召开了第一届油气勘探、开发的健康、安全、环保国际会议，HSE 这一概念逐步为大家所接受。许多大石油公司相继提出了自己的 HSE 管理体系。如壳牌公司 1990 年制定出自己的安全管理体系（SMS）；壳牌公司委员会 1991 年颁布健康、安全与环境（HSE）方针指南；壳牌公司 1992 年正式出版安全管理体系标准 EP92 – 01100；壳牌公司 1994 年正式颁布健康、安全与环境管理体系导则。

1.1.2.3 HSE 管理体系的蓬勃发展期

1994 年油气开发的安全、环保国际会议在印度尼西亚的雅加达召开。由于这次会议由 SPE（美国石油工程师协会）发起，并得到 IPICA（国际石油工业保护协会）和 AAPG（美国石油地质家协会）的支持，影响面很大，全球各大石油公司和服务厂商积极参与，HSE 的活动在全球范围内迅速展开。

1996 年 1 月，ISO/TC67 的 SC6 分委会发布 ISO/CD14690《石油和天然气工业健康、安全与环境管理体系》，成为 HSE 管理体系在国际石油业普遍推行的里程碑，HSE 管理体系在全球范围内进入了一个蓬勃发展时期。

1997 年 6 月我国石油工业安全专业标准化技术委员会将其等效采用为 SY/T 6276—1997 行业标准《石油天然气工业健康、安全与环境管理体系》；同年还分别制订颁布了 SY/T 6280—1997《石油地震队健康、安全与环境管理规范》和 SY/T 6283—1997《石油天然气钻井健康、安全与环境管理体系指南》。

中石化集团公司在推行 HSE 管理系统方面大致经历了三个阶段。1998 年底到 1999 年 12 月是引入、宣讲阶段。在此期间，集团公司引入国际通行的 HSE 管理概念，并组织专家到上海石化、齐鲁石化等企业宣讲，介绍国外大公司的经验和做法。1999 年 12 月到 2000 年 4 月是起草标准阶段。经过第一阶段的介绍、宣讲，各企业对推行 HSE 一体化管理的重要意义有了清楚的认识，但要真正实施，还需要有一套既与国际惯例接轨，又符合中国石化行业特色的 HSE 标准体系文件。因此从 1999 年年底开始，集团公司安全环保部就着手起草有关标准，并于次年 3 月拿出初稿，4 月通过初审。2000 年 4 月到 2001 年 1 月是试点、修订阶段。在 2000 年 4 月召开的年度安全工作会上，集团公司确定了胜利油田、中原油田、江苏油田、燕山石化、齐鲁石化、金陵石化、上海石化、上海石油、青岛石油、十建公司 10 家单位作为 HSE 试点单位，在试点的基础上，结合"企业标准1.1"，编制关键装置、基层队和加油站（库）HSE 具体实施程序，同时对中国石化 HSE 标准进行进一步修订。经过努力，2001 年 4 月中石化发布 Q/SHS0001.1—2001《中国石油化工集团公司安全环境与健康（HSE）管理体系》、O/SHS0001.2—2001《油田企业安全、环境与健康（HSE）管理规范》等 4 个规范；Q/SHSOOO1.6—2001《油田企业基层队 HSE 实施程序编制指南》、Q/SHS0001.10—2001《管理职能部门 HSE 实施计划编制指南》等 5 个指南。

2001 年 9 月起广州石化、江汉油田、中原油田等企业开始建立 HSE 管理体系，相继有多家二级单位通过认证。

1.1.3 实施 HSE 管理体系的意义

世界上最重要的资源是人类自身和人类赖以生存的自然环境。保证员工的健康，预防事故以及保护环境是企业的一项重要工作。为此制定了健康、安全与环境方针、规章制度和标准，全面落实健康、安全与环境责任制。将健康、安全与环境作为一项关键的管理要素，有机地融入到每一项生产经营业务活动之中；将健康、安全与环境指标作为关键业绩指标，纳入员工的业绩考核之中，使每一名员工都对健康、安全与环保负责。

1.1.3.1 实施 HSE 管理体系可以降低企业的生产成本，提高经济效益

与以往的劳动安全、工业卫生、环境保护标准和管理体系不同，HSE 管理体系摒弃了传统的事后管理与处理的做法，进而采取积极的预防措施。在企业内部建立一套有效和不断改进的 HSE 管理体系，并将其纳入到企业总的管理体系之中。对企业的生产运行实施全面的 HSE 事前预防、过程控制和应急处理，可以大大地减少事故、职业病的发生率和减少意外损失，节省无益的资源消耗，降低甚至消除事故处理、职业病诊治的开支，从而降低企业的生产成本，提高企业的经济效益。

1.1.3.2 实施 HSE 管理体系，可以促进企业提升整体的管理水平

企业实施 HSE 管理体系，通过进行初始状态评审、组织风险识别、评价与隐患治理、HSE 教育培训、审核和评审等，引入新的管理理念、管理方式、管理方法和减灾技术，使企业在满足 HSE 法规要求的基础上，健全相应的管理机制，规范管理行为，实施动态控制，实现持续改进，使企业管理与国际先进的管理方式接轨，将企业管理水平迅速提升，接近和达到国际先进企业的管理水平。

1.1.3.3 实施 HSE 管理体系，可以帮助企业改善与各个相关方的关系，树立良好的企业形象

随着生活水平的提高，公众对生活质量、文明生产、人身及财产安全的要求日益增高。一个非常重视员工、资源和环境保护的企业，将树立和形成起良好的企业形象，进而增强企业对外部的人才资源的吸引力，融洽企业与政府、合作者等相关方面的关系，扩大企业生产和增加商业机会。反之，如果企业连续在 HSE

方面出现问题，就会给社会造成其管理混乱、技术落后、生产水平低劣的企业形象，同时会恶化与当地居民、社区之间的关系，给企业的各种活动造成众多困难。

1.1.3.4　实施 HSE 管理体系，可为吸引投资和寻求合作创造条件

当今社会谋求合作和共同发展已成为潮流，在寻求合作伙伴及投资对象时，越来越多的组织或企业看中对方的 HSE 管理状况，为了赢得这些投资和合作，企业就必须要有完善的 HSE 体系和良好的 HSE 业绩。

1.1.3.5　实施 HSE 管理体系，有助于企业满足法律法规的要求

我国政府颁布了许多职业安全、环境保护、工业卫生方面的法律法规和标准，这些法规和标准一般具有强制性，一旦违反，必须承担相应的刑事、行政、经济和政治责任。实施 HSE 管理体系，可以通过不间断的制度化的法规识别、更新和符合性评审，促使企业保持满足国家相关法律法规的要求，从而避免因触犯法律法规导致处罚、投诉、曝光等对企业造成不良影响。

1.2　中国石化集团公司 HSE 管理体系

安全、环境与健康管理体系的提出，是人类对经济、环境和社会的要求越来越高的体现。近年来，国际上先进石油、石化行业相继采用了安全、环境与健康管理模式，HSE 管理体系具有系统化、科学化、规范化、制度化的特点，可以减少企业可能的人员伤害、财产损失和环境污染，改善 HSE 业绩。中国石化结合国家经贸委安全健康管理体系认证的要求，建立了自己的 HSE 管理体系。

HSE 管理体系的实质就是为了确保系统安全，建立一种规范的、科学的管理体系。它以实现系统安全为核心，提出了系统安全以及组织所必须达到或实现的包括人、机、环境各方面的相关要求，这些要求就是 HSE 管理体系所包含的内容。各国企业 HSE 实施的标准不一，标准要素排列各异，但核心内容都是系统安全的基本思想。

中石化集团公司的 HSE 管理体系是建立在过去积累的许多成熟经验和一整

套行之有效的管理制度的基础上，吸收了国外大型石油化工企业管理经验和传统管理模式的优秀内容而形成的，因此它不是取代现有的行之有效的、健全的管理制度，而是补充和完善，达到系统化、科学化、规范化、制度化标准，包括一个体系、四个规范和五个指南为框架的 HSE 管理体系。

1.2.1　石化集团公司 HSE 管理体系的十大要素

1.2.1.1　领导承诺、方针目标和责任

在 HSE 管理上应有明确的承诺和形成文件的方针目标。高层管理者提供强有力的领导和自上而下的承诺是成功实施 HSE 管理体系的基础。石化集团公司承诺应以实际行动来表达对 HSE 的重视，并承诺最大限度地不发生事故、不损害人身健康、不破坏环境。方针和战略目标是集团公司在 HSE 管理方面的指导思想和原则，是实现良好的 HSE 业绩的保证。集团公司 HSE 方针是安全第一、预防为主，全员动手、综合治理，改善环境、保护健康，科学管理、持续发展。HSE 目标是最大限度实现无事故、无污染、无人身伤害，创国际一流的 HSE 业绩。

1.2.1.2　组织机构、职责、资源和文件控制

要求企业保证体系的有效运行，必须合理配置人力、物力和财力资源，明确各部门、人员的 HSE 管理职责。第一，公司和直属企业应建立组织机构，明确职责，合理配置人力、财力和物力资源。第二，广泛开展培训，以提高全体员工的意识和技能，建立培训记录，不断完善培训计划，制定严格的培训考核制度。定期开展培训以提高全体员工的素质，遵章守纪、规范行为，确保员工履行自己的 HSE 职责。第三，应有效地控制 HSE 管理文件，为实施 HSE 管理提供切实可行的依据。公司应控制 HSE 管理文件，确保这些文件与公司的活动相适应。定期评审，必要时进行修订，发布前经授权人批准，需要时现行版本随时可得，失效时能及时从颁发和使用处收回，文件控制的范围有明确规定。

1.2.1.3　风险评价和隐患治理

第一，风险评价是一个不间断的过程，是建立和实施 HSE 管理体系的核心，

6

是 HSE 要素的基础。要求企业经常对危害、影响和隐患进行评价性分析，识别与业务活动有关的危害、影响和隐患，进行科学的评价分析，确定最大的危害程度和可能影响的最大范围，以便采取有效或适当的控制和防范措施，把风险降到最低限度。主管领导应直接负责并制定风险评价管理程序，每隔不定期时间和发生重大变更时，应重新进行风险评估。第二，隐患评估后，直属企业的最高管理者对事故隐患要做到心中有数，亲自组织隐患治理工作。

1.2.1.4　承包商和供应商管理

这项管理是当前各企业的薄弱环节，要重点加强。要求对承包商和供应商的资格预审、选择、开工前的准备、作业过程监督、承包商和供应商表现评价等方面进行管理。

1.2.1.5　装置（设施）设计和建设

要求新改扩建装置（设施）时，要按照"三同时"的原则，按照有关标准、规范进行设计、设备采购、安装和试车，以确保装置（设施）保持良好的运行状态。

1.2.1.6　运行和与维护

要求对生产装置、设施、设备、危险物料、特殊工艺过程和危险作业环境进行有效控制，提高设施、设备运行的安全性和可靠性，结合现有行业有效的管理和制度，对生产的各个环节进行管理。

1.2.1.7　变更管理和应急管理

变更管理是指对人员、工作过程、工作程序、技术、设施等永久性或暂时性的变化进行有计划的控制，以避免或减轻对安全、环境与健康方面的危害和影响。应急管理是指对生产系统进行全面、系统、细致地分析和研究，针对可能发生的突发性事故，制定防范措施和应急计划，并进行演练，确保万一发生事故时能控制事故，把事故损失减小到最低程度。

1.2.1.8　检查、考核和监督

要求定期对已建立的 HSE 管理体系运行情况进行检查与监督，建立定期检查和监督制度，保证 HSE 管理方针目标的实现。

1.2.1.9 事故处理和预防

建立事故报告、调查处理和预防管理程序，及时调查、确认事故或未遂事件发生的根本原因，并制定相应的纠正和预防措施，确保事故不会再次发生。

1.2.1.10 审核、评审和持续改进

要求企业定期对 HSE 管理体系进行审核、评审，以确保体系的适应性和有效性，达到持续改进的目的。

1.2.2 石化集团公司的四个 HSE 管理规范

HSE 管理规范是在 HSE 管理体系的基础上，依据集团公司已颁发的各种制度、标准、规范对完成十大要素的具体要求，并根据各专业特点编制的油田企业 HSE 管理规范、炼油化工企业 HSE 管理规范、销售企业 HSE 管理规范、施工企业 HSE 管理规范。集团公司的各设计、科研单位按相应专业 HSE 管理规范实施。

1.2.3 石化集团公司的 HSE 实施计划编制指南

HSE 管理体系实施的最终落脚点是作业实体，如生产装置、基层队等。因此在开展 HSE 管理过程中，重点是抓好企业实体的 HSE 管理的实施。作业实体根据集团公司的 HSE 管理体系的要求编写自己的 HSE 实施程序（集团公司已分专业编制了 HSE 实施程序编制指南）。油田企业编制基层队、炼化企业编制关键生产装置、销售企业编制油库和加油站、施工企业编制施工项目部实施程序。HSE 管理体系的组织、监督者是各级职能部门，在推行 HSE 管理体系中，落实各级职能部门的管理职责，充分发挥职能部门的管理监督作用是十分重要的。因此，集团公司编制了各级职能部门 HSE 职责实施计划编制指南，要求各级职能部门根据集团公司 HSE 管理体系的要求，编写职能部门自己的 HSE 实施程序。

HSE 管理体系，不是抛弃集团公司已有的、行之有效的安全、环境和健康管理制度，更不是对它们的否定，而是对现有制度的系统化、标准化，使它们更加完善，更符合现代企业的管理模式。

1.3　HSE 管理体系建立步骤及实施的要求

1.3.1　HSE 管理体系建立步骤

对于不同的组织，由于其特征和原有基础的差异，建立体系的过程不会完全相同，但总体而言，组织建立体系一般采取如下步骤。

1.3.1.1　领导决策

组织建立体系需要领导者的决策，特别是最高管理者的决策。只有在最高管理者认识到建立体系必要性的基础上，组织才有可能在其决策下开展这方面的工作。此外，体系的建立需要资源的投入，这就需要最高管理者对改善组织的 HSE 行为作出承诺，从而使得体系的实施和运行得到充足的资源。

1.3.1.2　成立工作组

当组织的最高管理者作出建立体系的决策后，首先要从组织上落实和保证决策的贯彻实施。为此，组织通常需要成立一个工作组负责建立体系。

工作组成员一般来组织内部的各个部门，他们将成为组织今后体系运行的骨干力量。工作组组长最好是将来的管理者代表，或者是管理者代表之一。

根据组织的规模、管理水平及人员素质，工作组的规模可大可小，其成员可专职或兼职，工作组可以是一个独立的机构，也可挂靠在某个部门。

1.3.1.3　人员培训

在工作组开展工作之前，工作组成员应接受有关体系的标准及相关知识的培训。同时，未来承担组织内部的体系审核工作职责的审核人员，也要进行相应的培训。

1.3.1.4　初始状态评审

初始状态评审是建立体系的基础。组织可建立一个评审组承担初始状态评审工作。评审组可由组织的员工组成，也可聘请组织外部的咨询人员，或者两者兼而有之。

评审组应对组织过去和现在的 HSE 信息及状态进行收集、调查和分析，识别和获得现有的适用于组织的 HSE 法规和其他要求，执行危险源辨识和风险评价。这些结果将作为建立和评审组织的 HSE 方针，制定目标和 HSE 管理方案、确定体系的优先项以及编制体系文件和建立体系的基础。

1.3.1.5 体系策划与设计

体系策划阶段主要是依据初始状态评审的结论制定 HSE 方针、目标和 HSE 管理方案，确定组织的机构职责，筹划各种运行程序等。

1.3.1.6 体系文件编制

HSE 管理体系是系统化、结构化、程序化的管理体系，是遵循 PDCA 管理模式并有相关文件支持的管理制度和办法，具有文件化管理的特征。编制体系文件是组织实施 HSE 管理体系，建立并保持体系的重要基础工作，也是组织实现预定的 HSE 目标、评价和改进体系，实现持续改进和风险控制必不可少的依据和见证，主要内容包括：

① 编写体系文件的原则；

② 体系文件结构；

③ HSE 管理手册；

④ 程序文件。

1.3.1.7 体系试运行

体系试运行与正式运行并无本质区别，两者都是按所建立的体系手册、程序文件和作业规程等的要求，整体协调运行。

体系试运行的主要目的是在实践中检验体系的充分性、适用性和有效性。

在体系试运行过程中，组织应加强运行力度，努力发挥体系本身所具有的各项功能，及时发现问题，找出其根源，进行修正，以便尽快正式实施。

1.3.1.8 内部审核

内部审核是体系运行必不可少的环节。体系经过一段时间的运行，组织应具备检验体系是否符合该体系标准的要求的能力，应开展内部审核。

管理者代表应亲自组织内部审核。内部审核员应经过专门知识的培训。如果需要，组织可聘请外部专家参与或主持审核。

内部审核员在文件预审时，应重点关注和判断体系文件的完整性、符合性及一致性；在现场审核时，应重点关注体系功能的适用性和有效性，检查是否按体系文件要求去运作。

1.3.1.9　管理评审

管理评审是体系整体运行的重要组成部分。管理者代表应收集各方面的信息供最高管理者评审。最高管理者应对试运行阶段的体系整体状态作出全面的评判，对体系的适用性和有效性作出评价。依据管理评审的结论，可以对是否需要调整、修改体系作出决定，也可以作出是否实施第三方认证的决定。

1.3.2　HSE 管理体系实施的原则

中国石化集团公司要成为与全球经济紧密相关的国际化公司，就要做到经营、管理公开透明，自觉接受国际资本市场的考核及投资者和证券监管机构的监督。安全、健康和环保作为公司综合管理的一个重要方面，是直接影响公司形象、股价的直观外部监督项目，必须通过实施 HSE 管理，安全、环保与健康工作与国际接轨，努力适应新的发展要求。为此，集团公司在实施 HSE 管理体系的过程中，应建立正确的指导原则，树立新的 HSE 理念，重点抓好以下实施原则。

1.3.2.1　继承和发展的原则

建立集团公司的 HSE 管理体系是支持中国石化集团公司现有的健全而又行之有效的管理制度，不是取代。集团公司已建立了一套完整的而又行之有效的安全、环境与健康的规章制度，集团公司 HSE 管理体系，是一套与国际接轨的 HSE 标准体系，只是对这些规章制度规范化、程序化和标准化，并且予以完善。

1.3.2.2　第一责任人的原则

HSE 管理体系，强调最高管理者的承诺和责任，各级企业的最高管理者是 HSE 的第一责任者，对 HSE 应有形成文件的承诺，并确保这些承诺转变为人、财、物等资源的支持。各级企业管理者通过本岗位的 HSE 表率，树立行为榜样，不断强化和奖励正确的 HSE 行为。

1.3.2.3 全员参与的原则

HSE 管理体系立足于全员参与，突出以人为本的思想。在体系中规定了各级组织和人员的 HSE 职责，强调中国石化集团公司内的各级组织和全体员工必须落实 HSE 职责。

1.3.2.4 重在预防的原则

在集团公司的 HSE 管理体系中，风险评价和隐患治理、承包商和供应商管理、装置（设施）设计和建设、运行和维修、变更管理和应急管理五个要素，着眼点在于预防事故的发生，并特别强调了企业的高层管理者对 HSE 必须从设计抓起，认真落实设计部门高层管理者的 HSE 责任。强调直属企业的高层管理者应不间断地组织风险评价工作，识别与业务活动有关的危害、影响和隐患，采取有效或适当的防范控制措施，从而把风险降低到最低。

1.3.2.5 强化考核的原则

集团公司总经理向社会和员工承诺，最大限度地不发生事故、不损害人员健康、不破坏环境的 HSE 目标，突出强调零事故。因此要求集团公司和直属企业建立 HSE 业绩管理及监督考核程序，对管理层成员 HSE 业绩进行考核，并与经济责任制挂钩。

1.3.2.6 持续改进的原则

HSE 管理体系着眼于持续改进，实现动态循环，集团公司的 HSE 的十六要素形成了计划、实施、检查、改进 4 个阶段，即 PDCA 循环。不断完善 HSE 管理体系，实现 HSE 管理的动态循环。同时体系要求集团公司下属企业应按适当的时间间隔对 HSE 进行审核和评审，以确保其持续的适应性和有效性。

1.3.2.7 以人为本的原则

在体系中强调了公司所有的生产经营活动都必须满足 HSE 管理的各项要求，并强调人的行为对集团公司的事业成功至关重要，建立培训系统并对人员技能和能力进行评价，以保证 HSE 水平的提高。

1.3.2.8　一体化管理的原则

通过一体化管理，使集团公司的经济效益、社会效益和环境效益有机地结合在一起。

1.3.2.9　独立审核的原则

HSE 管理体系要求集团公司下属企业应按适当的时间间隔对 HSE 进行审核和评审，以确保其持续的适应性和有效性。审核分为内部审核和外部审核，外部审核又有第二方或第三方审核，这种外部审核要强调其独立原则。

1.3.3　实施 HSE 管理的新理念

1.3.3.1　安全、环境与健康一体化管理的理念

石油石化行业是一种高风险的行业，而且它们在安全、环境与健康方面的事故往往是相互关联的，需要将安全、环境与健康实施一体化管理，以适应现代化企业管理的需求。

1.3.3.2　领导承诺和社会责任理念

领导承诺和责任是指企业自上而下的各级管理层的领导和承诺，是 HSE 管理体系的核心。这种承诺和责任，要由企业最高管理者在体系建立前提出，并在正式提出前，充分征求员工和社会的意见，形成文件。

1.3.3.3　任何事故都可预防的理念

在 HSE 目标中，中国石化集团公司总经理和中国石油化工股份公司董事长向社会、员工和相关方郑重承诺"追求最大限度地不发生事故、不损害人身健康、不破坏环境，创国际一流的 HSE 业绩"。做好安全、环境与健康管理工作是企业的切身利益所在。推行 HSE 管理体系的目的是减少事故，要求我们在思想观念上树立任何事故都可预防的理念，即"零事故"的新理念。

从 HSE 观念上来看，对待每一个事故隐患，制定安全措施，都可以将不安全因素转为安全。我们的企业，尤其是基层单位，在制定 HSE 目标时，应该是实现"三无"。

1.3.3.4　职能部门 HSE 职责落实的理念

HSE 要求企业的各级组织和全体员工都应落实 HSE 职责，并通过审查考核，不断提高企业的 HSE 业绩。特别强调要定期检查，确保 HSE 职责全面落实，并以此为依据确定部门、个人业绩目标，并根据部门、个人业绩实际情况对照年度 HSE 目标进行考核，考核结果要与经济责任制挂钩。

1.3.3.5　承包商和供应商与业主 HSE 业绩密切相关联的理念

在 HSE 管理体系中，对于业主的定义是在合同情况下的接受方。承包商的定义为合同情况下的供方，即业主或操作者雇佣来完成某些工作或提供服务，供应原料与设备的个人、部门或合作者。

企业在签订承包合同时，要对 HSE 管理的内容加以规定，使承包商和供应商必须按照中国石化集团公司的 HSE 管理体系的要求和条款运作，并与本企业的 HSE 管理体系相一致，这样既可避免由于工程任务交给承包商完成而造成健康、安全和环境危害，又可避免工作过程中发生分歧，提高业主的 HSE 管理水平。

承包商与供应商的 HSE 表现要反映到业主的业绩中来，必须树立承包商和供应商与业主 HSE 业绩密切相关联的理念。

1.3.3.6　程序化、规范化管理的理念

HSE 管理体系就是依据管理学的原理，建立 PDCA 模型：计划（P）、实施（D）、检查（C）、改进（A）四个相关联的环节，以持续改进的思想，指导企业系统地实现无事故、无伤害、无污染的 HSE 目标。因此，在实施集团公司的 HSE 管理体系时，一定要树立程序化、规范化管理的理念，形成一个动态循环的管理框架。

1.3.3.7　HSE 管理从设计抓起的理念

HSE 的标准中，规定了企业的最高管理者对 HSE 管理必须先从设计抓起，要认真落实设计部门高层管理者的 HSE 责任和考核奖惩制度。新建、改建、扩建装置（设施）时，应按照"三同时"（即劳动安全卫生和环境保护设施要与主体工程同时设计、同时施工、同时投入使用）原则。

1.3.3.8　实施风险评价、实行积极预防方针的理念

在 HSE 管理体系实施过程中，评价和风险管理主要是识别确定 HSE 关键活

动中存在的风险和影响，制定防止事故发生的措施和一但发生事故后的恢复措施。可能发生的危险、危害都可能发生事故，事故无论大小，都会给企业造成经济上和政治上的影响。防止事故发生，将危害和影响降低到可接受的程度是 HSE 管理体系运行的最佳最直接的目的，而风险的科学评价和有效的管理是达到杜绝事故，实现事先预防的关键所在。

1.3.3.9　动态循环管理的理念

HSE 管理体系标准，在将体系有机组织、形成体系的运行机制时，它基于一个共同的概念框架，即 PDCA 模型。

计划环节就是作为行动基础的某些事先的考虑，它预先决定干什么，如何干，什么时候干，以及谁去干等问题；实施环节是将计划予以实施；检查环节是对计划实施效果进行检查衡量，并采取措施，消除可能产生的行动偏差；改进环节是针对管理活动实践中所发现的缺陷和不足，不断进行调整、完善。

1.3.3.10　配置资源以保证"安全第一"方针的理念

资源是指实施安全、环境与健康管理体系所需的人员、资金、设备、设施、技术等。HSE 体系的建立和运行以及各项活动的实施都离不开资源的支持，只有配置必要的资源，才可以实现"安全第一"和 HSE 的方针目标。

领导承诺中规定，各级企业的最高管理者是 HSE 的第一负责人，对 HSE 应有形成文件的承诺，并确保承诺转变为人、财、物的资源支持。

1.3.3.11　把各种形式检查、整改过程融入体系的审核和评审中的理念

审核是对体系是否按照预定要求进行运行的检查和评价活动，可分为内部审核（审核组成员来自于公司内部）和外部审核（应公司要求，由外部审核机构进行）。评审是对体系的充分性、适宜性和有效性进行的检查，由公司最高管理者组织进行。

通过审核可以确定 HSE 管理体系各要素和活动是否与计划安排一致，是否得到了有效实施；在实现企业的方针、政策和表现原则上，HSE 管理体系是否有效地发挥了作用；是否符合相关法规、标准的要求；确定改进的方面，以实现 HSE 管理的逐步改善。

评审主要进行适应性、充分性和有效性的评价，企业可根据持续改进的原则，根据审核后评审的结论对 HSE 管理体系进行改进，使之不断完善。

1.4 HSE 管理案例介绍

1.4.1 壳牌石油集团（SHELL）的 HSE 管理方法

壳牌即荷兰皇家壳牌集团，HSE 管理部门是一个咨询机构，每一层次的管理者都有专门的 HSE 咨询机构为其负责，只提供咨询，不承担责任。现在中国境内 HSE 方面要求最为严格。

1.4.1.1 壳牌正在做什么

（1）目标是停止气体燃烧排放、泄漏以及使用氟利昂。

（2）提高能源效率。

（3）保持在天然气领域的领先地位。

（4）发展再生能源。

（5）支持和帮助发展实用的"经济装置"。

（6）以经济标准进行投资决策。

1.4.1.2 评价和风险管理

（1）识别：人员、环境或财产是否处于潜在的风险之中。

（2）评价：原因是什么？有可能控制吗？

（3）控制：原因可以消除吗？需要什么控制措施？控制措施是否有效？

（4）恢复：潜在后果及影响可以减轻吗？需要什么控制措施？恢复能力是否恰当充分？

1.4.1.3 HSE 管理体系的准备

HSE 管理体系在资深人员、职员及工作人员的支持和参与下由经理们准备完成。

HSE – CASE 的准备。

HSE – CASE 由操作人员完成。

1.4.1.4　应急反应的目的

（1）可见且可信的迅速反应行动。

（2）按照先后次序，保护生命、环境和财产。

（3）调整个人反应和第三方反应。

（4）识别和保存法律责任、费用价值和索赔。

（5）保护公司业务和企业形象。

（6）满足管理部门、股东、顾客和媒体对信息无休止的要求。

1.4.1.5　壳牌公司 HSE 方针

壳牌每一个公司都应该：①有一套系统的方法，HSE 管理体系符合法律要求，并达到持续提高的目的；②设立改进和检查、评价和报告的目标；③要求承包商按照此方针 HSE 管理；④要求合作伙伴按照它的作业程序贯彻该方针，并利用它的影响推动其他公司进步；⑤对员工的评价和相应的奖励都应依据 HSE 行为表现。

1.4.1.6　HSE 方针建立的原则

（1）所有的事故都可以预防。

（2）HSE 是应尽的责任。

（3）HSE 与其他经营目标同等重要。

（4）创造安全的工作环境。

（5）建立良好 HSE 工作习惯。

（6）保证有效的培训。

（7）创造对 HSE 的兴趣和热情。

（8）使每个人都对 HSE 负有责任。

1.4.1.7　SHELL 公司 HSE 承诺

（1）追求不使人受到伤害。

（2）保护环境。

（3）在提供产品和服务的同时，有效地利用原料和能源。

（4）在与上述原则一致的前提下，开发能源、产品和提供服务。

（5）公布公司 HSE 的表现。

（6）在促进本行业最佳行为方式方面发挥带头作用。

（7）像管理其他关键业务一样管理 HSE 事物。

（8）建立一种使壳牌所有员工都认可的企业文化。

通过这一途径，我们的目标是拥有一个引以自豪的 HSE 表现，赢得顾客、股东和社区的最大信任，成为一个好伙伴，为可持续发展做出贡献。

1.4.2　挪威国家石油公司（STATOIL）

STATOIL 是挪威国家所有的公司，现有员工 18000 人，拥有 HSE 管理专家 120 人，作为 HSE 部门是一个咨询机构，在管理上具有一定的独立性。

在 HSE 管理方面，STATOIL 采取"零"思维模式，即零事故、零伤害、零损失，并将其置于 STATOIL 企业文化的显要位置。

STATOIL 的 HSE 承诺：

（1）在我们所有的商业活动中，我们都把 HSE 放在首位。

（2）HSE 方面的高素质是我们名誉的资本，优质高效的 HSE 表现是提高我们竞争能力的先决条件。

（3）我们的目标是事故、伤害和损失为零。"事故、伤害和损失为零"的意思是：无伤害；无职业病；无废气排放；无火灾或气体泄漏；无财产损失。

（4）我们将为可持续发展做出贡献。联合国世界环境和发展委员会定义可持续发展为"满足当前需要而不损坏未来人类自身需要的能力"。

（5）这种观点适用于我们作业的任何地区；我们期望我们的供应商和合作伙伴同样达到我们的标准；在任何作业过程中没有对事故的预算。

1.4.3　美国杜邦公司（DuPont）

美国杜邦公司在海外 50 多个国家和地区中设有 200 多家子公司、合资公司，该公司雇员约有 20 万人。杜邦公司企业经营管理是一流的，安全卫生管理也是一流的。

1.4.3.1　杜邦公司的安全管理原则

（1）所有的工伤和职业病都是可以预防的，这是现实的目标，而不是理论的目标。

（2）从董事长到一线管理人员，都直接承担预防工伤和职业病的责任。

（3）每个雇员必须承担安全责任，这是雇佣的条件。

（4）安全培训是取得安全的基本条件。

（5）所有不足之处，立即通过调整设备、改变工艺过程、改进培训工作等加以改进。

（6）认真调查不安全操作及可能发生工伤的事件。

（7）非工作岗位安全与工作岗位安全一样抓。

（8）预防工伤和职业病是一项重要工作，否则将惊人的直接或间接的影响成本。

（9）人是最重要的因素，听取雇员的意见，改善安全卫生条件，使计划获得成功。

1.4.3.2　一切事故的原因在于管理

杜邦公司认为"所有的工伤事故都归于管理上的失误"。从管理出发，对一切不安全因素要从管理上反省，用管理的先进性来杜绝一切事故的可能性，表明了杜邦领导层安全管理的成熟和先进。

杜邦公司把引起危险和工伤的因素归结为三要素：设备的设计、材料的危害和人的行为。公司通过管理和科学的设计及研究等途径解决前两点，杜邦公司同样从管理的角度对个人的安全行为加以分析。它认为：

① 每个雇员必须承担安全责任，这是雇佣的条件；

② 将安全培训作为保证安全的基本要求；

③ 培训的主要目的是使操作者理解而不畏惧；

④ 公司宁愿解雇违章雇员，也不愿意参加他们的葬礼。

在有毒害气体的岗位上，杜邦公司从管理采取多种措施来尽可能避免员工发生失误行为的可能性。如现场一名操作工，同时配有三名后备工（都是受过训练的），每周在班上要进行一次事故演习，每个月工人要进行一次考试。同时，杜邦公司强调，对雇员的安全教育要包括有关雇员的自身安全的一切领域，如乘车时使用安全带、驾驶车辆安全、家务安全等各个方面。

1.4.3.3　先进的应急措施

美国得克萨斯州的萨拜因河化工厂不但保持了州工业界的最好安全记录，而且在整个杜邦公司系统内也是名列前茅的。他们的经验主要是不但有一套两大类工艺安全的连锁和报警系统，而且有完整的经验、预防、维护、系统管理制度。即使这样，他们仍提出"没有安全连锁报警系统我们不能保护自己，单靠安全连锁报警系统仍不能绝对防止灾难"。因此，仍要配备一套相当先进的急救和自救装置。

杜邦公司的一个生产光气的化工厂的事故控制中心，用了7台工业闭路电视，可以把工厂生产全过程都置于它的监视之下，生产中的主要参数（温度、压力、液面、风向、气压等）都随时可以得到。一旦发生泄漏，计算机可根据计算出周围空气中的有毒气体的含量，用图象显示出三种不同浓度区：一是对皮肤有影响的；二是对呼吸有影响的；三是对生命有影响的。据此可以组织厂内及周围人员撤离或疏散，同时，该控制中心还对能对200m以外的码头火灾在控制室给水补救，实现远距离控制或灭火。

1.4.4　英国石油集团（BP集团）HSE管理方法

1.4.4.1　BP集团HSE目标

BP采取与众不同的方式，追求并实现出色的健康、安全与环境表现。BP在健康、安全和环境表现的承诺是集团五大经营方针之——我们承诺以实际行动来表达我们对自然环境的重视并努力实现我们的目的，即不发生事故、不损害员工健康、不破坏自然环境。

1.4.4.2　BP集团HSE的承诺

每一位职员，无论身处何地，都有责任做好HSE工作，良好的HSE表现是我们事业成功的关键。我们的宗旨，简而言之就是无事故、无害于员工健康、无损于环境。

我们将通过减少废水、废气及废渣的排放，有效地利用能源，以不断地降低我们的经营活动对环境与健康的影响，我们生产顾客能安全使用的优质产品。

不论何地，只要是我们力所能及的地方，我们将倾听用户、邻居及公益团体的声音，公开征求他们的看法，遵从他们的要求；与有关方面（合作伙伴、供应商、竞争对手及政府管理人员）一同努力，提高我们的行业标准；公布我们的表现，无论好坏；表彰改进 HSE 表现的有功人员；我们的经营计划包括定量的 HSE 目标，我们齐心协力以达到这些目标。

1.4.4.3　BP 集团 HSE 管理体系框架

（1）领导和职责。

（2）风险评估和管理。

（3）人员、培训和行为。

（4）与承包商和相关方协作。

（5）装置设计和建设。

（6）运行和维修。

（7）变更管理。

（8）信息和资料。

（9）顾客和产品。

（10）社区和股东意识。

（11）危机和应急管理。

（12）事故分析和预防。

（13）评估、保证和改进。

思考题

1. HSE 管理十大要素是什么？

2. 什么叫 HSE 管理体系？

3. 对比杜邦公司的安全理念，查找本单位 HSE 管理的差距？

4. 实施 HSE 管理的新理念有哪些？

第2章

HSE法律法规

HSE 法律法规体系是一个涉及健康、安全、环境等多种法律形式和法律层次的综合性系统，其体系由五个层面的法律法规、标准构成，包括宪法、HSE 法律、HSE 法规、HSE 标准、国际劳动公约。该体系从宏观到微观，明确了国家行政机关的职权和责任、用人单位的职责与义务、劳动者的权利和义务，为保障劳动者的人身健康权益、促进安全生产经营、保护环境清洁提供了有力的法律依据。

2.1　我国法律体系的层次结构

新中国成立以来，我国 HSE 法律法规体系逐步形成一个以《宪法》为基本依据，以有关法律、行政法规、地方性法规、部门规章和技术标准为依托的体系。

2.1.1　HSE 法律体系的层次结构

我国 HSE 法律体系从实用层面可以分为以下 7 个层次。

（1）国家基本法：《宪法》。

（2）国家一般法：《刑法》、《行政诉讼法》、《行政处理法》和《民法通则》等。

（3）国家 HSE 综合法律：《安全生产法》、《劳动法》、《矿山安全法》、《消防法》、《工会法》、《职业病防治法》、《环境保护法》、《产品质量法》和我国批准的国际劳工公约等。

（4）国家安全生产行政法规：《工伤保险条例》、《危险化学品安全管理条例》、《煤矿安全监察条例》、《矿山安全监察条例》等。

（5）国家安全生产部门规章：《作业场所安全使用化学品规定》、《企业职工劳动安全卫生教育管理规定》。

（6）国家安全技术标准：有关电气安全、机械安全、压力容器安全、防火、防爆、职业卫生、劳动防护用品等方面的国家标准 400 余种。

（7）行业、地方法规：建筑安装工人安全技术操作规程；油船、油码头防油气中毒规定；爆炸危险场所安全规定；压力管道安全管理与监察规定；行业标准；省（市）劳动保护条例等。

2.1.2　HSE 监督执法体系

2.1.2.1　国家执法机构的变迁

1998 年以前，劳动部门承担安全生产综合管理、职业安全监察和矿山安全检查职能；1998 年 6 月，国家经贸委设立安全生产局；2000 年 12 月，国家安全生产监督管理局（隶属于国家经贸委）；2003 年 3 月，国家安全生产监督管理局；2005 年，升格为国家安全生产监督管理总局。

2.1.2.2　监督执法体系

安全监管总局——实施综合监管。

质检总局——负责特种设备的安全监督检查。

卫生部——负责职业病诊治工作。

劳动和社会保障部——负责工伤保险管理。

公安部——道路交通、危险物品、消防管理。

各部委——负责本系统、本领域的安全工作。

2.1.2.3　四级监管网络

中央—省—市（地）—县。

地方安全生产监管机构设置和人员编制得到调整和充实，现有安全监管和执法人员 6.5 万人，确立了"政府统一领导、部门依法监管、企业全面负责、群众参与监督及社会广泛支持"的安全生产工作格局。

2.2 职业与健康方面的法律法规

2.2.1 《职业病防治法》

为了预防、控制和消除职业病危害，防治职业病，保护劳动者健康及其相关权益，促进经济发展，2001 年 10 月 27 日九届全国人大常委会第二十四次会议通过了《中华人民共和国职业病防治法》（以下简称《职业病防治法》），并于2002 年 5 月 1 日正式施行。《职业病防治法》的实施为我国职业病防治工作提供了明确的法律依据，我国的职业病防治工作取得明显的效果。随着社会的发展，一些职业病防治工作中的新问题不断涌现，对《职业病防治法》的修订提出了需求。2011 年 12 月 31 日第十一届全国人民代表大会常务委员会第 24 次会议通过了全国人民代表大会常务委员会关于修改《职业病防治法》的决定，修改之后的《职业病防治法》于 2011 年 12 月 31 日起实施。

2.2.1.1 职业病的定义

《职业病防治法》中所称职业病是指企业、事业单位和个体经济组织等用人单位的劳动者在职业活动中，因接触粉尘、放射性物质和其他有毒、有害因素而引起的疾病。

2.2.1.2 职业病的前期预防

1）工作场所的职业卫生要求

《职业病防治法》第十五条规定：产生职业病危害的用人单位的设立除应当符合法律、行政法规规定的设立条件外，其工作场所还应当符合下列职业卫生要求：职业病危害因素的强度或者浓度符合国家职业卫生标准；有与职业病危害防护相配套的设施；生产布局合理，符合有害与无害作业分开的原则；根据现场的实际情况配套的更衣间、洗浴间、孕妇休息间等卫生设施；设备、工具、用具等设施符合保护劳动者生理、心理健康的要求；法律、行政法规和国务院卫生行政部门关于保护劳动者健康的其他要求。

2）职业病危害评价

《职业病防治法》第十七条规定：新建、扩建、改建建设项目和技术改造、技术引进项目（以下统称建设项目）可能产生职业病危害的，建设单位在可行性论证阶段应当向安全生产监督部门提交职业病危害预评价报告。安全生产监督部门应当自收到职业病危害预评价报告之日起三十日内，作出审核决定并书面通知建设单位。未提交预评价报告或者预评价报告未经安全生产监督部门审核同意的，有关部门不得批准该建设项目。职业病危害预评价报告应当对建设项目可能产生的职业病危害因素及其对工作场所和劳动者健康的影响作出评价，确定危害类别和职业病防护措施。建设项目职业病危害分类管理办法由国务院安全生产监督管理部门制定。

2.2.1.3　劳动过程中职业病防治措施

《职业病防治法》第二十一条规定：

（1）设置或者指定职业卫生管理机构或者组织，配备专职或者兼职的职业卫生专业人员，负责本单位的职业病防治工作。

（2）制定职业病防治计划和实施方案。

（3）建立、健全职业卫生管理制度和操作规程。

（4）建立、健全职业卫生档案和劳动者健康监护档案。

（5）建立、健全工作场所职业病危害因素监测及评价制度。

（6）建立、健全职业病危害事故应急救援预案。

2.2.1.4　劳动者的权利和义务

《职业病防治法》对劳动者的职业健康权利和义务作出了明确规定，劳动者享有以下职业卫生保护权利。

（1）获得职业卫生教育、培训。

（2）获得职业健康检查、职业病诊疗、康复等职业病防治服务。

（3）了解工作场所产生或者可能产生的职业病危害因素、危害后果和应当采取的职业病防护措施。

（4）要求用人单位提供符合防治职业病要求的职业病防护设施和个人使用的

职业病防护用品，改善工作条件。

（5）对违反职业病防治法律、法规以及危及生命健康的行为提出批评、检举和控告。

（6）拒绝违章指挥和强令进行的没有职业病防护措施的作业。

（7）参与用人单位职业卫生工作的民主管理，对职业病防治工作提出意见。

对于职业病病人，可依法享受国家规定的职业病待遇。用人单位应当按照国家有关规定，安排职业病病人进行治疗、康复和定期检查，对不适宜继续从事原工作的职业病病人，应当调离原岗位，并妥善安置。对从事接触职业病危害的作业的劳动者，应当给予适当岗位津贴。职业病病人的诊疗、康复费用，伤残以及丧失劳动能力的职业病病人的社会保障，应按照国家有关工伤社会保险的规定执行。职业病病人除依法享有工伤社会保险外，依照有关民事法律，尚有获得赔偿的权利的，有权向用人单位提出赔偿要求，职业病病人变动工作单位，其依法享有的待遇不变。

2.2.2 《工伤保险条例》

《工伤保险条例》制定目的是为了保障因工作遭受事故伤害或者患职业病的职工获得医疗救治和经济补偿，促进工伤预防和职业康复，分散用人单位的工伤风险。该条例于2003年4月16日经国务院第5次常务会议讨论通过，自2004年1月1日起施行。伴随经济发展和社会进步，2010年12月8日国务院第136次常务会议通过《国务院关于修改（工伤保险条例）的决定》，对该条例进行了修改，修改之后的《工伤保险条例》自2011年1月1日起施行。

2.2.2.1 《工伤保险条例》的适用范围

第二条规定：中华人民共和国境内的企业、事业单位、社会团体、民办非企业单位、基金会、律师事务所、会计师事务所等组织和有雇工的个体工商户（以下称用人单位）应当依照本条例规定参加工伤保险，为本单位全部职工或者雇工（以下称职工）缴纳工伤保险费。

中华人民共和国境内的企业、事业单位、社会团体、民办非企业单位、基金会、律师事务所、会计师事务所等组织的职工和个体工商户的雇工，均有依照本条例的规定享受工伤保险待遇的权利。

2.2.2.2　工伤认定上报程序

第十七条规定：职工发生事故伤害或者按照职业病防治法规定被诊断、鉴定为职业病，所在单位应当自事故伤害发生之日或者被诊断、鉴定为职业病之日起 30 日内，向统筹地区劳动保障行政部门提出工伤认定申请。如有特殊情况，经报劳动保障行政部门同意，申请时限可以适当延长。

用人单位未按前款规定提出工伤认定申请的，工伤职工或者其直系亲属、工会组织在事故伤害发生之日或者被诊断、鉴定为职业病之日起 1 年内，可以直接向用人单位所在地统筹地区劳动保障行政部门提出工伤认定申请。

按照本条第一款规定应当由省级劳动保障行政部门进行工伤认定的事项，根据属地原则由用人单位所在地的设区的市级劳动保障行政部门办理。

用人单位未在本条第一款规定的时限内提交工伤认定申请，在此期间发生符合本条例规定的工伤待遇等有关费用由该用人单位负担。

2.2.2.3　工伤认定情形的认定

1）认定工伤情形

第十四条规定：职工有下列情形之一的，应当认定为工伤：

（1）在工作时间和工作场所内，因工作原因受到事故伤害的。

（2）工作时间前后在工作场所内，从事与工作有关的预备性或者收尾性工作受到事故伤害的。

（3）在工作时间和工作场所内，因履行工作职责受到暴力等意外伤害的。

（4）患职业病的。

（5）因工外出期间，由于工作原因受到伤害或者发生事故下落不明的。

（6）在上下班途中，受到非本人主要责任的交通事故或者城市轨道交通、客运车、轮渡、火车事故伤害的。

（7）法律、行政法规规定应当认定为工伤的其他情形。

2）视同工伤情形

第十五条规定：职工有下列情形之一的，视同工伤：

（1）在工作时间和工作岗位，突发疾病死亡或者在 48h 之内经抢救无效死亡的。

（2）在抢险救灾等维护国家利益、公共利益活动中受到伤害的。

（3）职工原在军队服役，因战、因公负伤致残，已取得革命伤残军人证，到用人单位后旧伤复发的。职工有前款第（1）项、第（2）项情形的，按照本条例的有关规定享受工伤保险待遇；职工有前款第（3）项情形的，按照本条例的有关规定享受除一次性伤残补助金以外的工伤保险待遇。

3）不得认定为工伤或者视同工伤

第十六条规定：职工符合本条例第十四条、第十五条的规定，但是有下列情形之一的，不得认定为工伤或者视同工伤：

（1）故意犯罪的。

（2）醉酒或者吸毒的。

（3）自残或者自杀的。

2.3　安全生产法律体系

2.3.1　我国安全生产法律法规的发展历史

中国最早的劳动安全和安全生产相关的法规，应该是 1922 年 5 月 1 日在广州召开的第一次劳动大会提出的《劳动法大纲》，其主要内容是要求资本家合理地规定工时、工资及劳动保护等。新中国成立以来，在党中央和国务院的关怀和领导下，我国的安全生产立法工作发展迅速，取得了很大进展。纵观其发展历程，安全生产立法工作与国家的命运紧密联系，经历了一个非常曲折的过程，大致可分为以下几个阶段。

（1）安全生产法律体系的初建时期（1949～1959 年）。

（2）安全生产法律体系的调整时期（1958～1966 年）。

（3）安全生产法律体系的动乱时期（1966～1978 年）。

（4）安全生产法律体系的恢复发展时期（1978～1990 年）。

（5）安全生产法律体系的逐步完善时期（1991～2002 年）。

2.3.2　《中华人民共和国安全生产法》

《中华人民共和国安全生产法》（以下简称《安全生产法》）于 2002 年 6 月 29 日九届全国人大常务委员会第二十八次会议审议通过，自 2002 年 11 月 1 日起施行。《安全生产法》在总结我国安全生产工作正反两面经验的基础之上，结合我国安全生产现状和形势，以"三个代表"重要思想为指导，坚持《宪法》中关于改善劳动条件、加强劳动保护的基本要求，充分体现依法治国的基本方略。《安全生产法》的公布实施是我国安全生产领域影响深远的一件大事，是安全生产法制建设的里程碑，它标志着我国安全生产工作进入一个新的阶段。

2.3.2.1　立法目的

安全生产关系到人民群众生命和财产安全，直接影响到社会稳定的大局。近年来，我国安全生产形势严峻，重大、特大生产安全事故时有发生，原因是多方面的，如安全生产管理的责任不够明确有关安全生产管理的制度不够健全、安全生产监督管理的手段和方式难以适应变化的实际情况和要求，生产经营单位的职工缺乏安全生产意识和自我保护意识等。近几年来，各地区、各部门和企事业单位在强化安全生产监督管理、防范各类事故发生等方面做了大量工作，虽然取得了一定的成效，但总体来看，安全生产的形势仍然比较严峻。因此，为了加强安全生产监督管理，防止和减少生产安全事故，保障人民群众生命和财产安全，促进经济发展，故制定本法。

2.3.2.2　适用范围

适用于在中华人民共和国领域内从事生产经营活动的单位（以下统称生产经营单位）的安全生产活动，国家安全和社会治安不在本法的调整范围之内。

2.3.2.3　安全管理的方针

安全生产关系到人民群众生命和财产安全，关系到社会稳定和经济健康发展。"安全第一，预防为主"的方针是我国安全生产工作长期经验的总结，可以说是用鲜血和生命换来的。实践证明，要搞好安全生产工作，必须坚定不移地贯彻、执行这一方针。

2.3.2.4　生产经营单位的安全生产保障

保障安全生产，生产经营单位的地位和作用十分重要。近年来发生的生产安全事故，大都与生产经营单位不具备安全生产条件、安全生产管理不到位有直接关系。生产经营单位必须遵守《安全生产法》和其他有关安全生产的法律、法规，加强安全生产管理，建立、健全安全生产责任制度，完善安全生产条件，确保安全生产。在2002年颁布的《安全生产法》中专门用了28个条款对生产经营单位的安全保障作出了基本规定。

1）主要负责人的安全生产责任

生产经营单位的主要负责人是指在本单位的日常生产经营活动中具有指挥权的领导人员，包括厂长、经理以及其他主要的领导人员。由于生产经营单位的主要负责人在生产经营单位中处于决策者、指挥者的重要地位，因此，其是否重视安全生产，对本单位的安全生产具有至关重要的意义。为了搞好安全生产，必须明确生产经营单位的主要负责人是安全生产的第一责任人，对本单位的安全生产全面负责。这样才能促使生产经营单位的主要负责人切实负起责任，管生产又管安全，而不能重生产轻安全。《安全生产法》明确规定生产经营单位主要负责人对本单位安全生产全面负责，建立健全安全生产责任制，组织制定安全生产规章制度和操作规程，保证安全生产投入，督促检查安全生产工作，及时消除生产安全事故隐患，组织制定并实施生产安全事故应急救援预案，及时如实报告生产安全事故。这六项要求明确具体，切中要害。

2）生产经营单位的安全投入

《安全生产法》明确规定生产经营单位应当具备的安全生产条件所必需的资金投入，由生产经营单位的决策机构、主要负责人或者经营的投资人予以保证，并对由于安全生产所必需的资金投入不足导致的后果承担责任。生产经营单位应当安排用于配备劳动防护用品、进行安全培训的经费等。

3）安全生产管理机构

安全生产责任主要在于生产经营单位，但近些年企业在改组改制过程中安全管理被削弱了。在许多中小企业，安全生产工作基本无人管理。为了加强生产经营单位内部的管理，借鉴一些发达国家的经营，《安全生产法》作出了明确规定："矿山、建筑施工单位和危险物品的生产、经营、储存单位，应当设置安全生产管理机构或者配备专职安全生产管理人员"。其他单位从业人员超过 300 人的，应当设置安全生产管理机构或者配备专职安全生产管理人员；从业人员在 300 人以下的，应当配备专职或者兼职的安全生产管理人员，或者委托国家规定的相关专业技术资格的工程技术人员提供安全生产管理服务。但是不管是哪种情况，最终的安全生产责任都由生产经营单位承担。

4）职工安全培训以及有关人员的资质认证

在现实生活中，许多事故都是由于违章指挥、违章作业甚至无证上岗造成的，血的教训必须引起我们的高度重视。法律明确规定，生产经营单位应当对从业人员进行安全生产教育和培训，保证从业人员具备必要的安全生产知识，熟悉有关的安全生产规章制度和安全操作规程，掌握本岗位的安全操作技能。未经安全生产教育和培训合格的从业人员，不得上岗作业。生产经营单位采用新工艺、新技术、新材料或者使用新设备，必须了解、掌握其安全技术特性，采取有效的安全防护措施，并对从业人员进行专门的安全生产教育和培训。生产经营单位主要负责人和安全生产管理人员必须具备相应的安全生产知识和管理能力，危险物品的生产经营单位和矿山、建筑施工单位的主要负责人和安全生产管理人员必须经考核合格后方可任职。生产经营单位的特种作业人员必须经过专门培训，取得特种作业操作资格证书，才能上岗作业。

5）建设项目安全设施和矿山等建设项目的安全评价

《安全生产法》对建设项目的安全设施做出了"三同时"的严格规定，并要求"安全设施投资应当纳入建设项目概算"。根据法律规定，生产经营单位不管是新建项目，还是改建项目，还是扩建项目，其安全设施都应该和主体工程同时设计、同时施工、同时投入生产和使用。2010 年 11 月 3 日国家安全生产监督管理总局局长办公会议审议通过第 36 号国家安全生产监督管理总局令，即《建设项目安全设施"三同时"监督管理暂行办法》，并予以公布，自 2011 年 2 月 1 日起施行。该部规章主要规定了建设项目安全条件论证与安全预评价、建设项目安全设施设计审查、建设项目安全设施施工和竣工验收等问题。

6）作业场所、生产工艺、设备管理必须符合规定

生产经营单位应当在有较大危险因素的生产经营场所和有关设施、设备上，设置明显的安全警示标志。比如有人活动的坑、槽、洞、梯道、桥涵等处，应设红灯示警；在施工现场的悬崖、陡斜等危险地区应有警戒标志，夜间要设红灯示警；另外，在施工现场坑、井、沟和各种孔洞，易燃易爆场所，变压器周围，都要指定专人设置安全标志，夜间要设红灯示警；各种警示标志未经有关负责人批准不得移动和拆除。

7）对危险设备（设施）、危险物品、危险作业及重大危险源加强管理

生产经营单位使用的涉及生命安全、危险性较大的特种设备以及危险物品的容器、运输工具，必须按照国家有关规定，由专业生产单位生产，并经取得专业资质的检测、检验机构检测、检验合格，取得安全使用证或者安全标志，方可投入使用。如果生产经营单位将生产经营项目、场所、设备发包或者出租给不具备安全生产条件或者相应资质的单位或者个人的，导致发生生产安全事故给他人造成损害的，与承包方、承租方承担连带赔偿责任，即受损失方可以要求发包单位、出租单位和承包单位、承租单位的任何一方承担全部赔偿的责任。生产经营单位未予承包单位、承租单位签订专门的安全生产管理协议或者未在承包合同、租赁合同中明确各自的安全生产管理职责，或者未对承包单位、承租单位的安全生产统一协调、管理的，责令限期改正；逾期未改正的，责令停产停业整顿。

2.3.2.5 从业人员的权利和义务

从业人员既是安全生产保护的对象，又是实现安全生产的基本要素。从业人员是建设社会主义现代强国的主力军，也是生产经营活动的具体承担者，在劳动关系中往往处于弱势地位，生产经营活动直接关系到从业人员的生命安全。同时，从业人员的行为又直接影响到安全生产，是实现安全生产的主要依靠。为了实现安全生产，防止和减少生产安全事故，必须保障生产经营单位的从业人员依法享有获得安全保障的权利，同时，从业人员也必须履行安全生产方面的义务。

1）从业人员的法定权利

我国宪法规定："中华人民共和国公民有劳动的权利和义务。国家通过各种途径，创造劳动就业条件，加强劳动保护，改善劳动条件。"生产经营单位的从业人员有依法获得安全生产保障的权利，这也是宪法赋予公民的基本权利。从业人员在安全生产方面的权利主要包括：

（1）获得社会保险权；

（2）知情权；

（3）建议权；

（4）紧急避险权；

（5）获得赔偿权。

2）从业人员的法定义务

生产经营单位的从业人员在享有安全生产保障的权利的同时，也必须履行相应的安全生产方面的义务。生产经营单位从业人员在安全生产方面的义务主要包括：

（1）服从安全管理的义务；

（2）接受教育和培训的义务；

（3）报告不安全因素的义务。

3）安全生产监督管理制度

按照生产监督管理的主体不同，可以分为以下 7 种监督管理方式：

（1）县级以上地方人民政府的监督管理；

（2）负有安全生产监督管理职责的部门的监督管理；

（3）监察机关的监督；

（4）社会中介机构的监督；

（5）社会公众的监督；

（6）基层群众性自治组织的监督；

（7）新闻媒体的监督。

2.3.3　《生产安全事故报告和调查处理条例》

《安全生产事故报告和调查处理条例》于 2007 年 3 月 28 日经国务院第 172

次常务会议审议通过，自 2007 年 6 月 1 日起施行。该条例坚决贯彻落实"四不放过"原则，按照"政府统一领导、分级负责"的原则，完善程序、明确责任，旨在规范生产安全事故的报告和调查处理，落实生产安全事故责任追究制度，防止和减少生产安全事故。

2.3.3.1　事故等级划分

根据生产安全事故（以下简称事故）造成的人员伤亡或者直接经济损失，事故一般分为以下等级。

（1）特别重大事故，是指造成 30 人以上死亡，或者 100 人以上重伤（包括急性工业中毒，下同），或者 1 亿元以上直接经济损失的事故。

（2）重大事故，是指造成 10 人以上 30 人以下死亡，或者 50 人以上 100 人以下重伤，或者 5000 万元以上 1 亿元以下直接经济损失的事故。

（3）较大事故，是指造成 3 人以上 10 人以下死亡，或者 10 人以上 50 人以下重伤，或者 1000 万元以上 5000 万元以下直接经济损失的事故。

（4）一般事故，是指造成 3 人以下死亡，或者 10 人以下重伤，或者 1000 万元以下直接经济损失的事故。

国务院安全生产监督管理部门可以会同国务院有关部门，制定事故等级划分的补充性规定。

2.3.3.2　事故报告

1）事故报告的时间

事故发生后，事故现场有关人员应当立即向本单位负责人报告；单位负责人接到报告后，应当于 1h 内向事故发生县级以上人民政府安全生产监督管理部门和负有安全生产监督管理职责的有关部门报告。情况紧急时，事故现场有关人员可以直接向事故发生县级以上人民政府安全生产监督管理部门和负有安全生产监督管理职责的有关部门报告。安全生产监督管理部门和负有安全生产监督管理职责的有关部门逐级上报事故情况，每级上报的时间不得超过 2h。

2）事故报告的内容

报告事故应当包括下列内容：事故发生单位概况；事故发生的时间、地点以及事故现场情况；事故的简要经过；事故已经造成或者可能造成的伤亡人数（包括下落不明的人数）和初步估计的直接经济损失；已经采取的措施；其他应当报告的情况。

3）事故补报要求

事故报告后出现新情况的，应当及时补报。自事故发生之日起 30 日内，事故造成的伤亡人数发生变化的，应当及时补报。道路交通事故、火灾事故自发生之日起 7 日内，事故造成的伤亡人数发生变化的，应当及时补报。

2.3.3.3　事故处理

重大事故、较大事故、一般事故，负责事故调查的人民政府应当自收到事故调查报告之日起 15 日内做出批复；特别重大事故，30 日内做出批复，特殊情况下，批复时间可以适当延长，但延长的时间最长不超过 30 日。有关机关应当按照人民政府的批复，依照法律、行政法规规定的权限和程序，对事故发生单位和有关人员进行行政处罚，对负有事故责任的国家工作人员进行处分。事故发生单位应当按照负责事故调查的人民政府的批复，对本单位负有事故责任的人员进行处理。负有事故责任的人员涉嫌犯罪的，依法追究刑事责任。

2.4　环境保护的法律法规

人类在漫长的发展道路上，无论是适应自然还是发展经济，都创造了辉煌的业绩。但是与此同时，因为不合理的开发和利用自然资源，不注意环境保护工作，造成了全球性的生态破坏和环境污染并进而影响了人类的生存和社会的发展，环境保护问题刻不容缓。面对亟待解决的环境污染问题，我国已经建立了由法律、行政法规、部门规章、地方法规和地方规章、环境标准、环保国际条约组成的完整的环保法律法规体系。下面就其中的《中华人民共和国环境保护法》（以下简称《环境保护法》）和《中华人民共和国侵权责任法》（以下简称《侵权责任法》）中的相关 HSE 条款进行介绍。

2.4.1 《环境保护法》

《环境保护法》于1989年12月26日起章编制，经第七届全国人民代表大会常务委员会第十一次会议通过，自公布之日起施行。

2.4.1.1 环境污染管理的主体和职责

《环境保护法》明确规定一切单位和个人都有保护环境的义务，并有权对污染和破坏环境的单位和个人进行检举和控告。

国务院环境保护行政主管部门，对全国环境保护工作实施统一监督管理。县级以上地方人民政府环境保护行政主管部门，对本辖区的环境保护工作实施统一监督管理。

国家海洋行政主管部门、港务监督、渔政渔港监督、军队环境保护部门和各级公安、交通、铁道、民航管理部门，依照有关法律的规定对环境污染防治实施监督管理。

县级以上人民政府的土地、矿产、林业、农业、水利行政主管部门，依照有关法律的规定对资源的保护实施监督管理。

2.4.1.2 单位防止环境污染的责任

（1）建立环境保护责任制度并采取有效措施。

（2）防治环境污染措施。

（3）申报排污与缴纳排污费。

（4）危害预防与处理。

2.4.2 《侵权责任法》

《侵权责任法》于2009年12月26日，由中华人民共和国第十一届全国人民代表大会常务委员会第十二次会议通过，自2010年7月1日起施行。环境污染作为一种特殊的侵权行为，污染者的侵权责任被《侵权责任法》予以明确规定。

思考题

1. HSE 法律法规体系包括哪些内容？

2. 工伤的认定情形或视同情形有哪些？

3. 安全生产中，从业人员的权利和义务分别是什么？

4. 污染单位应如何承担环境污染责任？

第3章

职业卫生与健康

世间万物，最宝贵的是人，人最宝贵的是健康。天然气开采是一个综合性的生产行业，油气生产作业者的劳动条件非常复杂，决定了作业者的健康风险较大。

通过学习简洁实用、贴近员工的职业卫生健康知识。了解与职业有关的健康风险，并掌握相关的职业健康风险的防范知识和防范技能，从而达到保护健康的目的。

3.1 职业病危害因素

3.1.1 职业病及职业病危害因素的概念

《中华人民共和国职业病防治法》中规定：职业病是指企业、事业单位和个体经济组织（统称用人单位）的劳动者在职业活动中，因接触粉尘、放射性物质和其他有毒、有害物质等因素而引起的疾病。

职业病危害是指对从事职业活动的劳动者可能导致职业病的各种危害。职业病危害因素包括：职业活动中存在的各种有害的化学、物理、生物因素以及在作业过程中产生的其他职业有害因素。

3.1.2 职业病危害因素分类

3.1.2.1 职业病危害因素按性质分类

化学因素：有毒物质如铅、汞、苯、氯、一氧化碳、三氯乙烯、正己烷、有机磷农药等；生产性粉尘如矽尘、石棉尘、煤尘、有机粉尘、混合粉尘等。

物理因素：异常气象条件如高温、高湿、低温；异常气压如高气压、低气压；噪声、振动；非电离辐射如可见光、紫外线、红外线、射频辐射、激光等；电离辐射如 X 射线、γ 射线。

生物因素：如附着于皮毛上的炭疽杆菌、布氏杆菌、甘蔗渣上的真菌、作业人员或医务工作者可能接触到的生物传染性病原物。

3.1.2.2 按卫生部《职业病危害因素分类目录》分类

分为粉尘类、放射性物质类（电离辐射）、化学物质类、物理因素、生物因素、导致职业性皮肤病的危害因素、导致职业性眼病的危害因素、导致职业性耳鼻喉口腔疾病的危害因素、职业性肿瘤的职业病危害因素及其他职业病危害因素等十大类。

3.1.3 普光气田存在的职业病危害因素

普光气田为高含硫化氢气田，生产过程中存在的职业病危害因素有别于其他企业，主要包括：集输系统的硫化氢、甲醇、噪声；净化系统的硫化氢、二氧化硫、氨、氯化氢、一氧化碳、硫磺粉尘（总尘）、噪声、高温、工频电场等；其他危害因素还有缓蚀剂（成分不详）、甲硫醇，化验室使用的强酸、强碱等。

3.2 职业病危害因素检测

职业危害因素检测是指根据国家、中国石化有关规定，对作业场所职业危害因素的浓（强）度进行的定期检测。

3.2.1 监测内容

（1）工作场所空气中毒物浓度的监测。

（2）工作场所空气中粉尘浓度的监测。

（3）工作场所物理因素的监测。

（4）生物材料的监测。

3.2.2 监测类别

（1）日常监测：用于工作场所职业病危害因素的定期监测。

（2）评价监测：用于建设项目职业病危害预评价、建设项目职业病危害控制效果评价和职业病危害现状评价的监测。

（3）监督监测：用于职业卫生主管部门对工作场所监督时进行的职业病危害因素监测。

（4）事故性监测：用于对工作场所发生职业病危害事故时进行的紧急监测。

3.2.3 监测周期

3.2.3.1 毒物监测

（1）高毒物品（如硫化氢、氨）每月1次，一般毒物炼化企业每季度1次，其他企事业单位每年至少1次。

（2）毒物浓度超过国家职业卫生接触限值时，应及时整改复测。一般毒物每月至少1次；高毒物品实时监测，直至符合国家职业卫生标准。

3.2.3.2 粉尘监测

（1）炼化企业每季度1次；其他企事业单位每半年至少1次；游离二氧化硅含量超过10%时每季度1次；超过国家职业卫生接触限值时，每月1次。

（2）有毒粉尘按毒物的要求进行监测。

3.2.3.3 物理因素监测

（1）噪声监测：每半年1次；若工艺设备及防护措施变更时，应随时监测。

（2）高温监测：每年工期内最热月测量1次。

（3）其他物理因素：每半年监测1次。

3.2.3.4 生物材料监测

根据需要适时进行。

3.2.4 普光气田职业病危害因素及检测情况

硫化氢、氨1次/月，二氧化硫、一氧化碳、甲醇、甲硫醇、氯化氢、粉尘1

次/季，噪声 1 次/半年，高温 1 次/年。

3.2.5　职业病防治法第二十七条对职业病危害因素检测工作作出如下规定

用人单位应当实施由专人负责的职业病危害因素日常监测，并确保监测系统处于正常运行状态。

用人单位应当按照国务院安全生产监督管理部门的规定，定期对工作场所进行职业病危害因素检测、评价。检测、评价结果存入用人单位职业卫生档案，定期向所在地安全生产监督管理部门报告并向劳动者公布。

职业病危害因素检测、评价由依法设立的取得国务院安全生产监督管理部门或者设区的市级以上地方人民政府安全生产监督管理部门按照职责分工给予资质认可的职业卫生技术服务机构进行。职业卫生技术服务机构所作检测、评价应当客观、真实。

发现工作场所职业病危害因素不符合国家职业卫生标准和卫生要求时，用人单位应当立即采取相应治理措施，仍然达不到国家职业卫生标准和卫生要求的，必须停止存在职业病危害因素的作业；职业病危害因素经治理后，符合国家职业卫生标准和卫生要求的，方可重新作业。

3.3　职业健康检查

3.3.1　为及时发现劳动者的职业禁忌和职业性健康损害

根据劳动者的职业接触史，对劳动者进行有针对性的定期或不定期的健康体检称为职业健康检查。职业健康检查是落实用人单位义务、实现劳动者权利的重要保障，是落实职业病诊断鉴定制度的前提，也是社会保障制度的基础，它有利于保障劳动者的健康权益，减少健康损害和经济损失，减少社会负担。

3.3.2　《职业病防治法》第三十六条规定

"对从事接触职业病危害的作业的劳动者，用人单位应当按照国务院安全生产监督管理部门、卫生行政部门的规定组织上岗前、在岗期间和离岗时的职业健康检查，并将检查结果书面告知劳动者。职业健康检查费用由用人单位承担"。

3.3.3　职业健康检查包括上岗前、在岗期间、离岗时和应急健康检查

3.3.3.1　上岗前职业健康检查

（1）新招收并准备安排到接触职业病危害因素岗位的人员。

（2）从不接触职业病危害因素岗位调换到接触职业病危害因素岗位的人员。

（3）从一种职业病危害因素岗位调换到另一种职业病危害因素岗位的人员。

3.3.3.2　在岗期间职业健康调查

在岗期间职业健康检查是指对从事接触职业病危害因素作业人员的检查。

3.3.3.3　离岗时职业健康检查

（1）接触职业病危害因素拟退休的人员。

（2）接触职业病危害因素拟解除劳动合同人员。

（3）从接触职业病危害因素岗位调换到不接触职业病危害因素岗位的人员。

（4）从一种职业病危害因素岗位调换到另一种职业病危害因素岗位的人员。

3.3.3.4　应急职业健康检查

应急职业健康检查是指发生职业危害事故时对遭受或可能遭受急性职业危害人员进行的检查。

3.3.4　职业健康检查项目及检查周期

职业健康检查应根据所接触的职业危害因素类别，按照卫生部《职业健康监护管理办法》、《职业健康监护技术规范》和中国石化《职业卫生技术规范》规定的检查项目及检查周期进行检查。需复查时可根据复查要求相应增加检查项目。

（1）检查项目分为必检项目和选检项目两种，选检项目由医疗卫生机构根据用人单位职业危害程度和劳动者健康损害程度确定。

（2）普光气田职业健康检查按照中国石化《职业卫生技术规范》规定、普光

气田存在的危害因素对应的体检项目进行检查，检查周期为一年。

3.3.5 职业禁忌证

（1）职业禁忌证是指劳动者从事特定职业或接触特定职业危害因素时，比一般职业人群更易于遭受职业病危害和罹患职业病或者可能导致原有自身疾病病情加重，或者在作业过程中诱发可能导致对他人生命健康构成危险的疾病的个人特殊生理或病理状态。

（2）对上岗前职业健康检查中发现的有职业禁忌人员，应及时通知人力资源部门。人力资源部门不得安排新上岗人员从事所禁忌的作业，同时应注意保护劳动者的就业权益。

（3）对在岗期间职业健康检查中发现的职业禁忌人员，应及时通知所在基层单位。基层单位应按照职业卫生管理部门的要求，及时对职业禁忌人员调离原作业岗位，并妥善安置。

（4）《中原油田职业卫生管理细则》文件规定，禁忌证不能从事的作业。见表 3－1。

表 3－1 职业禁忌证不能从事的作业

职业禁忌证	危害因素	特殊作业	工种举例
高血压		高处作业	井架安装工、作业工、钻工、屋面防水等
Ⅱ期和Ⅲ期高血压	噪声、高温	压力容器、机动车驾驶	注水工、钻工、地质工、压裂工、供水工等
心脏病及心电图明显异常（心律失常）	噪声、硫化氢	高处作业、压力容器	净化工、采气工等
严重的肝、肾器质性疾病	原油、天然气		采油、作业工等
中枢神经系统器质性疾病	硫化氢		采气、净化工等
明显的神经系统器质性疾病	原油、天然气		采油、作业工等
明显的皮肤疾病及皮肤过敏	原油、天然气		采油、作业工等

职业禁忌证	危害因素	特殊作业	工种举例
红绿色盲		电工、压力容器、机动车驾驶	运行工、净化工、采气工、油气输送工等
各种原因引起永久性感音神经性听力损失（500Hz、1000Hz 和 2000Hz 中任一频率的纯音气导听阈 > 25dBHL）	噪声	压力容器	钻工、净化工等
中度以上传导性耳聋	噪声		注水工、钻工、地质工、压裂工、供水工等
明显的呼吸系统疾病	粉尘、酸		电气焊、化验工等
伴肺功能损害的呼吸系统疾病	粉尘、硫化氢		电气焊、净化工等
四肢骨关节及运动功能障碍		高处作业、电工、机动车驾驶	井架安装工、作业工、钻工、屋面防水等
糖尿病	高温		生产性锅炉工等
慢性肾炎	高温		生产性锅炉工等
牙本质过敏	酸		化验工等
白内障	紫外线、微波		微波发射等
癫痫、晕厥病、美尼尔症		高处作业、压力容器、电工、机动车驾驶	电工等

3.3.6 职业病

职业病分为广义职业病和狭义的职业病，或称法定职业病。

（1）在生产劳动中，接触生产中使用或产生的有毒化学物质、粉尘气雾、异常的气象条件、高低气压、噪声、振动、微波、X 射线、γ 射线、细菌、霉菌，长期强迫体位操作，局部组织器官持续受压等引起的疾病，一般称为广义的职业病。

（2）某些危害性较大，诊断标准明确，结合国情，由政府有关部门审定公布的职业病，称为狭义的职业病，或称法定职业病。中国卫生部从 1972 年首次公布职业病 14 种，1987 年修订为 9 类 99 种。目前，我国的法定职业病有 10 类 115 种。

3.4　劳动防护用品选择使用

劳动防护用品是指保护劳动者在生产过程中的人身安全与健康所必备的一种防御性装备，是为免遭或减轻事故伤害和职业危害的个人随身穿（配）戴的用品。使用劳动保护用品是保护劳动者安全健康的一项预防性辅助措施，是安全生产、防止职业性伤害的需要，对于减少职业危害起着相当重要的作用。必须按照不同工种、不同劳动条件，建立相应的发放制度，同时对使用情况进行监督检查。

从 20 世纪 80 年代起，国家陆续制定各种防护用品的安全卫生技术标准，规定防护用品的性能、等级、用料、技术要求、检验规则和标志、包装、贮运、使用要求等项。还规定，产品必须经国家劳动总局指定的技术部门鉴定，符合标准的发给生产许可证和产品合格证，方可生产和销售。它既是衡量防护用品质量的技术依据，又是执行安全监督的法定依据。

我国现行的防护用品规章、制度，作为劳动保护法规的一部分，对保障劳动者的安全、健康奠定了法律基础，今后将逐步充实和完善，使其发挥更大的作用。

3.4.1　劳动防护用品的特点

3.4.1.1　特殊性

防护用品是一种由用人单位公费购买，按防护要求免费提供给劳动者使用的特殊商品。每年销售额达百亿元以上，全国经营劳动防护用品的商店数以千计，有的生产厂则兼经销业务。因此，一方面防护用品这类商品在进入流通领域之前，确保其产品质量合格；另一方面加强对流通领域的监督抽查，杜绝和减少伪劣产品的销售。

3.4.1.2 适用性

防护用品须在进入工作岗位时使用，这不仅要求产品的防护性能可靠、能确保使用者的安全与健康，而且还要求产品适用性能好、方便、灵活，使用者乐于应用。因此，结构较复杂的防护用品，需经过一定时间试用，对其适用性及推广应用价值作出科学评价后才能投产销售。

3.4.1.3 时效性

防护用品均有一定的使用寿命，如橡胶类、塑料等制品，时间久后，受紫外线及冷热温度影响会逐渐老化而易折断。有些护目镜和面罩、受光线照射和擦拭，或者受到空气中的酸碱蒸气的腐蚀、镜片的透光率逐渐下降而失去使用价值；绝缘鞋（靴），防静电鞋和导电鞋等的电气性能，随着鞋底的磨损，将会改变电性能；一些防护用品的零件长期使用会磨损，影响机械性能。

3.4.2 劳动防护用品的作用

劳动防护用品的作用，是使用一定的屏蔽体或系带、浮体，采取阻隔、封闭、吸收、分散、悬、浮等手段，保护机体的局部或全身，免受外来的伤害。为此，防护用品必须严格保证质量，务必安全可靠，而且穿戴要舒适方便，不影响工效，还应经济耐用。由于各种防护用品本身所具有的防护作用是有一定限度的，有些作业环境条件又复杂多变，加之劳动者机体对外来伤害的耐受程度，往往因人而异，超过允许的防护范围，防护用品将不起作用。因此，还要学会正确使用防护用品，辨认作业环境的危害程度和合理选用，以免发生意外。

个体劳动防护用品是控制职业病危害最后一道防线，对减少职业病危害有着重要意义。因此，必须保证选型正确、维护得当、正确使用。同时，要充分考虑个体劳动防护用品的舒适性，使得员工愿意佩带。

3.4.3　用人单位应当为劳动者提供必要的个人防护用品

个体防护用品是劳动者在劳动生产过程中为避免或减轻事故伤害或职业病危害所配备的防护装备，历来受到国家高度重视并有许多政策和法规。

《中华人民共和国职业病防治法》第二十条规定，用人单位必须采用有效的职业病防护设施，并为劳动者提供个人使用的职业病防护用品。用人单位为劳动者个人提供的职业病防护用品必须符合防治职业病的要求；不符合要求的，不得使用。第二十三条又规定对职业病防护设施、应急救援设施和个人使用的职业病防护用品，用人单位应当进行经常性的维护、检修，定期检测其性能和效果，确保其处于正常状态，不得擅自拆除或停止使用。

《中华人民共和国劳动法》第五十四条规定，用人单位必须为劳动者提供符合国家规定的劳动安全卫生条件和必要的劳动防护用品，对从事有职业危害作业的劳动者应当定期进行健康检查。

个体防护在预防职业病危害因素的综合措施中，属于三级预防中的第一级预防，当职业病危害因素尚不能通过改善设备或工艺上进行预防时，实施个体防护是保障劳动者健康的主要防护手段。

3.4.4　劳动防护用品的分类与选择使用方法

劳动防护用品的种类很多，各部门和使用单位对劳动防护用品的要求也不同，分类方法也不一样。我国劳动防护用品经过多年来的发展、认识、统一，结合国际惯例，确立了以人体防护部位划分的分类标准《劳动防护用品分类与代码》，既保持了劳动防护用品分类的科学性，又同国际分类标准统一，这种分类方法为多数用人单位接受。

3.4.4.1　头部防护用品

头部防护用品是为防御物体打击伤害，高处坠落伤害，机械性损伤，污染毛发等而配备的个人防护装备。

根据防护功能要求，目前主要有一般防护帽、防尘帽、防水帽、安全帽、防静电帽、防高温帽、防电磁辐射帽、防昆虫帽、其他防护帽 9 类产品。

头部防护装备的选择与使用具体要求如下。

1）选择合格的产品

安全帽必须按国家标准 GB 2811—2007 进行生产，出厂的产品应通过质检部门检验符合标准要求并取得合格证。

2）选择适宜的品种

每种安全帽都具有一定的技术性能指标和它的使用范围。例如低温作业应选用耐低温的塑料安全帽和防寒安全帽；高温作业应选择耐高温的塑料或玻璃钢安全帽等。选择时要根据规格、尺寸进行。

大檐帽和大舌帽适用于露天作业，小檐帽适用于室内、隧道、涵洞、井巷、脚手架等活动范围小、易发生帽檐碰撞的狭窄场所。

安全帽的颜色应遵循安全心理学的原则。国际较通用的黄色加黑条，是引起注意警戒的标志，红色表示限制、禁止，蓝色起显示作用。安全管理人员选用戴有绿色十字标记的白底安全帽；森林伐木作业选用红色或桔红色；检修人员选用桔红色；放射性作业通常选用咖啡色；易燃易爆作业多用大红色；普通工种采用白色、淡黄、淡绿色为宜。

3）安全帽的使用

安全帽检验的标准要求佩戴前应检查安全帽各配件有无破损，是否牢固，帽衬调节部分是否卡紧，插口是否牢固，绳带是否系紧。若帽衬和帽壳之间的距离不在 25～50mm，应用顶绳调节到规定的范围。确保各部件完好后方可使用。

根据使用者的头部大小，将帽箍长度调节到适宜位置（松紧适度）。高空作业人员佩戴的安全帽，要有旗下带和颈箍并应系牢，以防帽子滑落与脱掉。

安全帽在使用时受到较大冲击后，无论是否发现帽壳有明显的裂纹或变形，都应停止使用，更换安全帽。一般安全帽的使用期限不超过 3 年。

安全帽不应在有酸碱、高温（50℃以上）、阳光、潮湿等处储存，避免重物挤压或尖物碰刺。帽壳与帽衬可用冷水、温水洗涤。不可放置暖气片上烘烤，以防变形。

3.4.4.2 呼吸防护用品

呼吸防护用品是指为防御有害气体、蒸汽、粉尘、烟、雾等经过呼吸道或使用供氧、清洁空气，保证尘、毒污染或缺氧环境中从业人员正常呼吸的防护用具。

1）呼吸防护用品分类

防尘呼吸护具：自吸过滤式防尘口罩、电动送风过滤式防尘呼吸护具。

防毒呼吸护具：自吸过滤式防毒面具、隔离供气式防毒面具。

2）呼吸防护用品的选择

（1）一般原则。

① 应根据国家卫生标准，对作业场所中的空气环境进行评价，识别有害环境性质，判定危害程度。

② 应选择国家认可的符合标准要求的呼吸防护用品。

③ 选择呼吸防护用品时应参照使用说明书的技术规定，符合其使用条件。

（2）根据空气污染物种类选择呼吸防护用品。

① 颗粒物的防护，可选择隔绝式或过滤式呼吸防护用品。若选择过滤式，应注意以下几点：防尘口罩不适合挥发性颗粒物的防护，应选择能够同时过滤颗粒物及其挥发气体的呼吸防护用品；应根据颗粒物的分散度选择适合的防尘口罩；若颗粒物为液态或具有油性，应选择有适合过滤元件的呼吸防护用品；若颗粒物具有放射性，应选择过滤率为最高等级的防尘口罩。

② 有毒气体和蒸汽的防护，可选择隔绝式或过滤式呼吸防护用品。若选择过滤式，应注意以下几点：应根据有毒气体和蒸汽种类选择适用的过滤元件，对现行标准中未包括的过滤元件种类，应根据呼吸防护用品生产者提供的使用说明选择；对于没有警示性或警示性很差的有毒气体或蒸汽，应优先选择有失效指示器的呼吸防护用品或隔绝式呼吸防护用品。

③ 颗粒物、有毒气体或蒸汽同时防护可选择隔绝式或过滤式呼吸防护用品。若选择过滤式，应选择有效过滤元件或过滤元件组合。

（3）根据作业状况选择。

若空气中污染物同时刺激眼睛或皮肤，或可对皮肤有腐蚀性，应选择全面罩，并采取防护措施保护其他裸露皮肤；选择的呼吸防护用品应与其他个人防护用品相兼容。

若作业中存在可以预见的紧急危险情况，应根据危险的性质选择适用的逃生型呼吸防护用品。

若有害环境为爆炸性环境，选择的呼吸防护用品应符合国家规定的相关标准。

若选择携气式呼吸防护用品，应选择空气式呼吸器，不允许选择氧气呼吸器。

若选择供气式呼吸防护用，应注意作业点与气源之间的距离、空气导管对现场其他作业人员的妨碍、供气管路被损坏或切断等问题，并采取可能的预防措施。

若现场存在高温、低温或高湿，或存在有机溶剂及其他腐蚀性物质，应选择耐高温、耐低温或耐腐蚀的呼吸防护用品，或选择能调节温度、湿度的供气式呼吸防护用品。

若作业强度较大，或作业时间较长，应选择呼吸负荷较低的呼吸防护用品。如供气式或送风式呼吸防护用品。

若有清楚视觉的需要，应选择视野较好的呼吸防护用品。

若有语言交流的需要，应选择有通话功能的呼吸防护用品。

除此之外，在选择呼吸防护用品时还应考虑舒适性和视力矫正问题等。

对于有以下疾病的人员不适合使用呼吸防护用品：肺部有阻塞性疾患；明显的心律不齐或患有器质性心脏疾病；Ⅱ级以上高血压；幽闭恐惧症、焦虑反应；有自发性气胸。需说明的是，多数情况下，轻度、中度的肺功能损伤不影响呼吸防护用品的使用。

3.4.4.3 眼面部防护用品

眼面部防护用品是指预防烟雾、尘粒、金属火花和飞屑、热量、电磁辐射、化学飞溅等伤害眼睛或面部的个人防护用品。

眼面部的防护用品种类很多，据防护功能，可分为防尘、防水、防冲击、防高温、防电磁辐射、防射线、防化学飞溅、防风砂、炉窑护目镜和面罩以及防冲击面罩。

1）根据产品的防护性能和防护部位分为两类

防护眼镜：此类产品有防异物的安全护目镜和防光护目镜两种。

防护面罩：此类产品也分为安全型和遮光型两种。

2）眼面部防护装备的选择与使用

安全护目镜：主要性能是防御有害物质损伤眼睛，如防冲击护目镜和防化学毒物的护目镜等。

遮光护目镜：主要性能是防御辐射线伤害眼睛，如焊接护目镜、炉窑护目镜、防微波护目镜、防激光护目镜、防射线护目镜等。

安全防护面罩：主要性能是防御固态或液态的有害物质伤害眼面，如钢化玻璃面罩、有机玻璃面罩、金属丝网面罩等。

遮光型防护面罩：主要性能是防御辐射线伤害眼，如焊接面罩、炉窑面罩等。

3.4.4.4　听觉器官的防护

听觉器官防护用品是指能够防止过量的声能侵入外耳道，使人避免噪声的过度刺激，减少听力损伤，预防由噪声对人身引起不良影响的个体劳动防护用品。

听力保护器按结构不同，可分为耳塞、耳罩、防噪声帽三种产品。用人单位应根据《工业企业听力保护规范》为噪声作业人员选购并提供三种以上听力防护用品。

听力保护器的选择与使用具体如下。

（1）耳塞：是一种插入外耳道内，或置入外耳道口处的听力保护器。耳塞的产品从结构材料和形状可划分为软质塑料，弹性塑料，纤维状物三类。主要产品列举如下。

① 圆锥形塑料耳塞。

圆锥形塑料耳塞：这类耳塞由聚氯乙烯与丁腈胶模压成型。产品有二翼片中空型和三翼片实心型两种。

此类耳塞的隔声性能：对低频噪声衰减 10 ~ 15dB，中频衰减 13 ~ 15dB，高频衰减大于 15dB。

特点：柔软且有弹性，能按不同尺寸选配，翼片结构能适应耳道形状，密闭性和舒适感比较好。

② 圆柱形泡沫塑料耳塞。

圆柱形泡沫塑料耳塞：这类耳塞由聚氯乙烯闭孔泡沫塑料制成。

性能与作用：此类耳塞具有柔软性和可塑性，缓慢的回弹性和均匀的回弹力。使用时，将耳塞挤压排除气体缩小后，塞入耳道内，耳塞即会自行因气体充填回弹而膨大，并且能根据耳道形状充满，封闭外声入内的通道。因此，密闭性良好，同时还能缓冲对耳道周壁皮肤的压力，能使大多数人感到舒适。

隔声性能：对低、中、高频的声衰减值都高于模压成型耳塞，特别是对中、低频的效果更为明显。低频声衰减 17～18dB，中频衰减 17～19dB，高频衰减 21～37dB。这类耳塞有结构简单，重量轻、价格低、适应性强、隔声效果好、佩戴舒适方便等特点。

③ 可塑性变形塑料耳塞。

可塑性变形塑料耳塞：该类耳塞由软质塑料制成，软质塑料没有弹性，但有较高的可塑性和柔软性，塞入耳道后，如胶泥一样，充满外耳道，具有良好的密封作用。由于对外耳道的压力均匀，因此佩戴感觉较舒适，适合多数人选用。

除此之外还有蘑菇形橡胶耳塞、伞形塑料耳塞、硅橡胶成型耳塞、防声棉耳塞等产品。

（2）耳罩：是由头带和压紧每个耳廓或围住耳廓周围而紧贴在头部上以封住耳道的壳体所组成的一种听力保护器。

（3）防噪声帽：噪声除通过外耳道传入中、内耳听觉器官外（即气传导），还可通过颅骨直接传至内耳（即骨传导）。防噪声帽是防止爆炸时强烈的噪声从骨传导入的听力保护器。这种保护器由于结构不同又分为软式和硬式两种。

3.4.4.5 手部防护用品

具有保护手和手臂的功能，供作业人员劳动时戴用的手套称为手部防护用品，通常称为防护手套。

1）手部防护用品的分类

手部防护用品按照防护功能分为 12 类，即一般防护手套、防水手套、防寒手套、防毒手套、防静电手套、防高温手套、防 X 射线手套、防酸碱手套、防油手套、防振动手套、防切割手套、绝缘手套。每类手套按照材料又可以分为很多种。

防护手套：耐酸碱、耐油、耐火、防 X 射线、防毒、防水、防微波、防振、防寒、防辐射热以及焊工、带电作业绝缘手套等。

防护套袖：防辐射热、防水、防化学腐蚀套袖。

2）防护手套的使用和注意事项

防护手套的品种很多，应根据防护功能和防护的对象选用。

防水、耐酸碱手套在使用前，应进行检查，手套表面有无破损，如有破损则不能使用。

橡胶塑料类防护手套使用后应冲洗干净、晾干，保存时避免高温，并撒涂滑石粉以防粘连。

绝缘手套应定期检验绝缘性能，不符合规定的不能使用。

接触强氧化酸如硝酸、铬酸等，因强氧化作用会造成产品发脆、变色、易损。高浓度的强氧化酸甚至会引起烧损，使用时应注意。

乳胶工业手套只适用于弱酸、浓度不高的硫酸、盐酸等，但不得接触强氧化酸。

3.4.4.6　足部防护用品

足部防护用品是防止生产过程中有害物质和能量损伤从业人员足部的防护用具，通常称劳动防护鞋。足部防护用品按照劳动防护功能分为防尘鞋、防水鞋、防寒鞋、保护足趾鞋、防静电鞋、防高温鞋、防酸碱鞋、防油鞋、防烫鞋、防滑鞋、防刺穿鞋、电绝缘鞋、防震鞋 13 类。每类防护鞋根据材质不同又可分为很多种。

3.4.4.7　躯体防护

躯干防护用品：躯干防护用品就是通常讲的防护服。

根据结构和防护功能及防护部位分为：一般防护服和特种防护服。包括阻燃、防静电、防酸、防水、防油、防尘、防高压静电、防微波、防 X 射线、防中子辐射以及浸水保暖、焊接、带电作业屏蔽等防护服，防砸背心和防护围裙。

3.4.4.8　护肤用品

护肤用品用于防止皮肤（主要是面、手部等外露部分）免受化学、物理等因素的危害。按防护功能，护肤用品分为防毒、防腐、防射线、防油漆及其他类；还可分为防水型、防油型、皮膜型、遮光型和其他用途型五类。

由于护肤产品直接用于皮肤，所用原材料不可对皮肤产生刺激和致敏作用以及化学成分经皮肤吸收引起全身中毒，并保证远期效应的安全性。

3.4.4.9 防坠落用品

防坠落用品是通过绳带，将高处作业者的身体系接于固定物体上，或作业场所的边沿下方张网，以防不慎坠落，这类防护用品主要有安全带、安全网两种。

1）安全网

安全网是应用于高处作业场所边侧立装和下方平张的防坠落用品，用以防止和挡住人和物坠落，使操作人避免和减轻伤害。

安全网安装与使用要符合有关规定；安全网无酸碱或火星影响；安全网应保管得当，旧网使用前应经专人检查并签发使用许可证明。

安全网的性能标准等请见 GB 5725—85《安全网》的有关规定。

2）安全带、绳

安全带是高处作业工人预防坠落伤亡的个人防护用品，由带子、绳子和金属配件组成，总称安全带。适用于围杆、悬挂、攀登等高处作业用，不适用于消防和吊物。

高处作业必须系挂安全带；安全带系于不低于腰部位置；安全带高挂低用，不得挂在不牢固、有棱角的地方。

3.5 职业心理健康

3.5.1 健康和心理健康的概念

健康是人类生存和发展的基础，随着现代社会的发展和进步，人们对健康的观念也在不断地发生变化。过去，人们对健康的理解强调的是身体没有缺陷和疾病，即大部分人会认为"身体没病就是健康"。但是，随着医学水平的提高和人们对精神世界的认识逐渐加深，人类对健康的认识也发生了质的变化。1989 年 WHO 将健康的定义修改为"健康不仅仅是身体没有缺陷和疾病，而是身体上、精神上和社会适应上的完好状态。"也就是说，健康不仅限于躯体没有疾病，而且要求心理健康和具备良好的社会适应能力。

1946 年第三届国际心理卫生大会指出："心理健康是指身体、智力、情绪十分协调；适应环境，在人际交往中能彼此谦让；有幸福感；在工作和职业中能充分发挥自己的能力，过有效率的生活。"我们一般认为，心理健康是指一种生活适应良好的状态。心理健康包括两层含义：一是无心理疾病，这是心理健康的最基本条件，心理疾病包括各种心理与行为异常的情形；二是具有一种积极发展的心理状态，即能够维持自己的心理健康，主动减少问题行为和解决心理困扰。

心理健康包括五方面内容：①智力正常。所谓智力，就是人认识客观事物并运用知识解决实际问题的能力。②情绪健康。情绪稳定是情绪健康的重要标志。③意志健康。行动的自觉性和果断性是意志健康的重要标志。自觉性是指一个人行动中有着明确的目的性。果断性是指能适时作出决定并加以执行，与优柔寡断和草率决定相悖。④行为协调。一个心理健康的人，其思想与行为是统一协调的，他的行为有条不紊。心理不健全的人行为是矛盾的，做事有头无尾，思想混乱，语言支离破碎，注意力不集中。⑤人际关系和谐。人的交际活动能力反映人的心理健康状态，人与人之间的正常、友好的交往不单是维持心理健康的一个不可缺少的条件，也是获得心理健康的重要方法。

3.5.2　职业心理健康的重要意义

当前社会竞争激烈，人们在工作和生活中的压力加大，尤其普光气田职工长期工作在生产一线，并且较长时间不能与家人团聚，可直接影响心理健康，进而影响职业效率和个体的身体健康。目前，从中央到地方政府都十分重视职业心理健康问题，它是构建和谐社会的一项重要任务，是企业可持续发展的有力保障。不重视职业心理健康的直接后果可能有 4 种：一是可引起职工的过劳死；二是可致积劳成疾；三是可导致职业寿命缩短；四是工作绩效受影响，即员工经常有心有余而力不足的感觉。

3.5.3 积极开展职业心理健康教育

广泛开展职工心理培训工作，聘请有关心理专家或有资质的心理咨询师进行培训，同时有针对性地开展心理疏导工作。通过培训，提高职工职业心理健康的自我调适能力：①以积极的心态对待工作；②学会理性思维；③学会管理自己的情绪；④建立良好人际关系和社会支持系统；⑤学会自我心理调整。接纳自己，接受自己不能改变的事物，改变自己所能改变的事物。

3.6　特殊环境中健康保护

油气作业人员因为工作需要，经常会处于沙漠、山区、高温、寒冷、有毒有害等特殊恶劣的作业环境中，在这样容易对作业人员健康造成威胁的情况下，怎样更好地保证自身的健康，是每一位员工必须熟悉的知识。

3.6.1　高温作业者的健康保护

3.6.1.1　高温作业对人体健康的影响

在高气温或同时存在高湿度或热辐射的不良气象条件下进行的生产劳动，通称为高温作业。高温作业按其气象条件的特点可分为3个基本类型。

（1）高温强辐射作业：人在此环境下劳动时会大量出汗，如通风不良，则汗液难于蒸发，就可能因蒸发散热困难而发生蓄热和过热。

（2）高温高湿作业：人在此环境下劳动，即使气温不很高，但由于蒸发散热更为困难，故虽大量出汗也不能发挥有效的散热作用，易导致体内热蓄积或水、电解质平衡失调，从而发生中暑。

（3）夏季露天作业：露天作业中的热辐射强度虽较高温车间为低，但其作用的持续时间较长，且头颅常受到阳光直接照射，加之中午前后气温升高，此时如劳动强度过大，则人体极易因过度蓄热而中暑。

3.6.1.2　高温可使作业员工感到热、头晕、心慌、心烦、口渴、无力、疲倦等不适感，可出现一系列生理功能的改变

主要表现如下。

（1）体温调节障碍。

（2）心律脉搏加快，心率紊乱，皮肤血管扩张及血管紧张度增加，血压改变。

（3）消化道贫血，唾液、胃液分泌减少，胃液酸度减低，淀粉酶活性下降，胃肠蠕动减慢，造成消化不良和其他胃肠道疾病增加。

（4）在水盐供应不足时可使尿浓缩，增加肾脏负担，有时可见到肾功能不全，尿中出现蛋白、红细胞等。

（5）神经系统可出现中枢神经系统抑制，注意力和肌肉的工作能力、动作的准确性和协调性及反应速度的降低，严重的可出现肌肉痉挛，伴有收缩痛等。

当由于热平衡和水盐代谢紊乱而引起的中枢神经系统和心血管障碍发展到一定程度时，就导致了中暑的发生。临床上根据病症不同，可分别诊断为中暑先兆、轻症中暑、重症中暑，其中重症中暑可分为热射病、热痉挛和热衰竭3种类型，也可出现混合型。

3.6.1.3　中暑的急救措施

当发现有人中暑后，要采取以下几点进行现场急救。

（1）迅速将病人移至阴凉、通风的地方，同时垫高头部，解开衣裤，以利呼吸和散热。

（2）可用冷水毛巾敷头部，或用冰袋、冰块放在病人头部、腋窝、大腿根部等处。用冷水、冰水或酒精擦浴，同时用风扇向患者吹风。必要时可将患者全身除头部外浸在4℃的水中，降温效果迅速，在上述处理过程中同时用力按摩患者四肢，要尽量把皮肤按摩红，一般按摩 15～30min。经过以上处理轻、中度中暑病人多能明显好转。对于严重中暑的病人，则应急送医院进行抢救。

3.6.1.4 预防措施

为了有效地降低高温对人体的影响，我们可以有针对性的采取措施。

（1）要注意通风，尽量避免长时间的呆在高温环境中。

（2）工作安排上要适当调整作息时间，增加工作班内的休息频次，减轻劳动强度。

（3）个人防护上要根据不同的热环境采取相应的措施，穿戴防护用品，总体上要避免过多的皮肤暴露，经常清洁皮肤，并采取少量、多次地的方法补充水和无机盐，提高耐热能力。

3.6.2 低温作业者的健康保护

低温作业是指在寒冷季节从事室外及室内无采暖的作业，或在冷藏设备的低温条件下以及在极区的作业活动，是在低于允许温度下限的气温条件下进行的作业。

低温作业工作有高山高原工作、潜水员水下工作、现代化工厂的低温车间以及寒冷气候下的野外作业等。低温恶劣的环境条件，对广大油气作业人员的健康影响极大。

3.6.2.1 低温对人体的影响

（1）在极冷的低温下，很短时间内便会对身体组织产生冻痛、冻伤和冻僵。

（2）冷金属与皮肤接触时所产生的黏膜伤害，这种情况一般发生在 −10℃以下的低温环境中。

（3）温度虽未低到足以引起冻痛和冻伤的程度，但是由于全身性的长时间低温暴露，使人体热损失过多，深部体温（口温、肛温）下降到生理可耐限度以下，从而产生低温的不舒适症状，出现呼吸急促、心率加快、头痛、瞌睡、身体麻木等生理反应，还会出现感觉迟钝、动作反应不灵活、注意力不集中、不稳定以及否定的情绪体验等心理反应。

3.6.2.2 低温作业者的抗寒方法

在严寒条件下从事石油作业，搞好防寒防冻工作是保障石油工作人员身体健康、完成各项任务的重要措施。

（1）要特别注意着装保暖，要扎紧袖口、裤口、扣上领口，放下帽耳，戴好手套。大量出汗和卧雪时，会使衣服潮湿，甚至结冰，要及时更换衣物。脚汗多的作业人员要涂擦滑石粉。

（2）在工作中要避免直接用手接触冰冷的金属工具和机器，经常与皮肤接触部位的工具，可用布条缠好或操作时戴棉（线）手套。

（3）加强耐寒锻炼。

3.6.2.3　冻伤的预防

在严寒条件下，油气作业人员往往容易出现冻伤现象。冻伤是寒区遇险者中最常见的局部损伤。局部冻伤本身是不会致命的，但它的后果极为严重，许多寒区遇险丧生的人中，主要是因为冻伤而失去了行动能力，无法进行各种生存活动，最后因低温症而死亡。其实，遇险者只要采取适当的预防措施，冻伤是可以避免或者减轻的。预防冻伤比治疗冻伤容易得多，必须防患于未然。方法如下。

（1）局部冻伤在初期并无明显感觉，因此，对易冻伤部位需密切观察。如有两人以上，可互相观察对方脸上有无白色斑点。

（2）颈部、脸部最好用布围住，将袖口、裤脚扎紧防止风雪吹入。在疲劳、饥饿时切忌在雪地上坐卧，你这一坐卧，也许永远也起不来了。

（3）为防冻伤，要及时活动面部肌肉，如做皱眉、挤眼、咧嘴等动作，用手揉搓面、耳、鼻等部位。特别注意鞋袜的干燥，出汗多时应及时更换或烘干，因为在潮湿的情况下最易冻伤。

3.6.2.4　冻伤的简易救护

（1）如发现皮肤有发红、发白、发凉、发硬等现象，应用手或干燥的绒布摩擦伤处，促进血液循环，减轻冻伤。轻度冻伤用辣椒泡酒涂擦便可见效。如发生身体冻僵的情况，不要立即将伤者抬到温暖的地方，应先摩擦肢体，做人工呼吸，待伤者恢复知觉，再到较温暖的地方抢救。

（2）一旦发生冻伤，切忌用雪团揉搓冻伤部位，因为这样会散发更多的体热使冻伤加重。受伤的手可按在腋窝下加温，冻伤的脚可放在同伴的怀里或腋窝下加温。

（3）如有条件可放在43℃左右的水中浸泡复温。水温太低时效果不好，超过49℃时易造成烫伤。同时也禁止用火烤，避免对伤患部位造成新的损伤。复温速度越快越好，能在5～7min复温最好，最迟不应超过20min。复温太晚可能增加晚期的并发症。

3.6.3　粉尘作业者的健康保护

3.6.3.1　粉尘对健康的影响

在油气行业中，粉尘是作业人员健康的大敌之一。如炼油生产过程中，有石油焦粉尘、硅酸铝粉等，粉尘的危害不可轻视。

粉尘根据生产性及其理化性质，进入人体的量和作用部位不同，可引起不同的职业性呼吸系统疾病。如尘肺、呼吸系统肿瘤、粉尘沉着症、中毒作用、支气管哮喘、棉尘症、职业过敏性肺炎、混合性尘肺等。

3.6.3.2　粉尘作业工人卫生防护、保健措施

（1）就业前的健康检查，及时发现从事粉尘作业禁忌症，如活动性肺结核、慢性肺部疾病、严重的慢性上呼吸道和支气管疾病以及心血管疾病等。

（2）进行定期健康检查，早期发现尘肺病人，及时采取防治措施。

（3）定期对粉尘作业环境进行监测，改善劳动条件。

（4）加强粉尘作业工人的个人防护，常用的个人防护用具有防尘口罩、防护面具、防护头盔和防护服等。粉尘作业工人必须养成良好的个人卫生习惯，如勤换工作服、班后洗澡、保持皮肤清洁。还应加强营养，劳逸结合，生活有规律。

（5）尘肺是可以预防的：思想上重视，措施落实。根据经验总结的八字防尘措施是：革——技术革新；水——湿式作业；密——密闭尘源；风——抽风除尘；护——个人防护；管——维修管理，建立各种规章制度；教——宣传教育；查——及时检查评比，总结经验和定期测尘，健康检查。

3.6.4　噪声作业者的健康安全

噪声是声音的一种。从物理角度看，是由声源做无规则和非周期性振动产生的声音。油气作业者身边的钻井、气体压缩机、汽轮机、各种机泵、电动机和机械都是噪声的重要来源。

3.6.4.1　噪声对人类不同程度的影响

（1）无法忍受：150～130dB。

（2）感到疼痛：130～110dB。

（3）很吵：110～70dB。

（4）较静：70～50dB。

（5）安静：50～30dB。

（6）极静：30～10dB。

（7）无声：0dB。

注：dB 表示分贝。

3.6.4.2　噪声的危害

概括起来有以下几个方面。

（1）噪声对睡眠的干扰。

（2）噪声对语言交流的干扰。

（3）噪声损伤听觉。

（4）噪声可引起多种疾病。

3.6.4.3　防止噪声的建议

（1）为了保护人们的听力和身体健康，噪音的允许值在75～90dB。

（2）保障交谈和通信联络，环境噪音的允许值在45～60dB。

（3）对于睡眠时间建议噪音在35～50dB。

3.6.4.4　控制噪声危害的方法

（1）注意个体防护。

（2）控制和消除噪声源。

3.7 常见意外伤害预防及救护

3.7.1 常见意外伤害分类（图3-1）

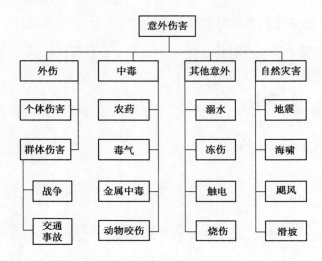

图3-1 常见意外伤害分类

3.7.2 地震

地震造成人员伤亡的原因有建筑物倒塌、煤气泄露、触电、溺水和火灾等，其中最多的是倒塌。地震致伤的头部面伤、颅脑损伤、内脏大出血及挤压综合征是死亡率最高的。地震对人的致命性危害，楼板掉落砸死人，造成供氧不足，呼吸困难，最终窒息而死。

3.7.2.1 避震及注意事项

（1）利用时间差——延迟。

（2）利用空间差——三角。

（3）为被救创造条件。一定要注意：外墙、阳台不能躲；楼梯、电梯最危险；及时躲到小开间：过道、储藏室、卫生间、厨房；要尽量躲在坚固的家具（汽车）旁。

3.7.2.2 地震中的自救

（1）自救之一：近水不近火，靠外不靠里；静下心，喝口尿，勤报告，别睡觉。

（2）自救之二：找管道，敲管道；有水有气能报告；看不见，听得见；听得见＝外边见。

（3）自救之三：正确自救求生存。如果你被埋在倒塌的建筑物里，你应该做的是：①稳定下来，改善自己所处的环境；②要注意保持好自己的体力。

3.7.2.3 地震中的现场救护

（1）对埋在瓦砾中的幸存者，先建立通风孔道，以防窒息。

（2）挖出后，应立即清除口鼻异物和身上泥土，再检查病情，保持呼吸道通畅。

（3）从缝隙中缓慢将伤病员救出时，应保持脊柱呈中立位，以免伤及脊髓。

（4）对于神志不清、大出血等危重急症优先救护。

（5）对于心脏病、高血压伤病员要特别关注。

（6）危重伤病员的现场救护，站在同侧方向说话。

3.7.3 交通事故

中国拥有全世界汽车量 2%，道路交通事故死亡占全球 15%，道路交通事故数量居世界第一。

2010 年，全国共接报道路交通事故 3906164 起，同比上升 35.9%。其中，涉及人员伤亡的道路交通事故 219521 起，造成 65225 人死亡、254075 人受伤，直接财产损失 9.3 亿元。

3.7.3.1 交通事故现场救护原则

（1）排除险情—紧急呼救—保护现场。

（2）将失事车辆引擎关闭，拉紧手擎或用石头固定车轮，防止汽车滑动。

（3）在距事故车来车方向 50～150m 处放置反光性三角形警告牌。

（4）切勿接近带电的车辆或物体。

（5）切勿立即移动伤病员，除非险情会危害生命。

（6）如需要移动伤病者，应在伤病者遇事位置做记号。

（7）如事故车有烟火冒出，可用灭火器、衣物等扑灭。

（8）小心处理事故中的每一位伤病者。

3.7.3.2 事故车内人员受伤特点

交通事故中，司机及前排人员受伤发生频率较高，主要是惯性作用所致（图3－2）。

图3－2 车辆追尾及撞击示意图

（1）撞击：司机多头面部、上肢、其次是胸部、脊柱和股部；乘客多发生锁骨和肱骨的损伤。

（2）翻车：被抛出致摔伤、减速伤、创伤性窒息、砸伤。

（3）追尾：乘客可出现颈髓、颅内损伤。

3.7.3.3 交通事故中的自我保护

（1）失火：破窗脱身打滚灭火。

（2）翻车：脚钩踏板随车翻转。

（3）落水：先深呼吸再开车门。

（4）碰撞：两脚蹬直身体后倾。

3.7.3.4　自我伤情判断及简便自救

（1）胸部剧痛、呼吸困难：肋骨骨折刺伤肺部；自救：不贸然移动身体，求救。

（2）腹部疼痛：肝脾破裂出血；自救：动作要缓慢，不长距离走动。

（3）出血：外伤；自救：先检查颈部是否出血，用毛巾或其他替代品暂时包扎。

（4）肢体疼痛、肿胀、畸形：骨折；自救：找木板或较直、有一定粗度的物品，用三根带将木板在伤肢上、中、下三个部位横向绑扎。

（5）脖子疼：颈椎错位；自救：感觉颈椎或腰椎受到了冲击，应坚持请专业医护人员搬动。

3.7.3.5　现场急救错误方法

（1）不洁物品捂伤口。

（2）固定前移动骨折伤员。

（3）拔出刺入身体的物品。

（4）堵耳鼻溢液。

（5）普通车运重伤员。

示例一：遭遇火车事故如何自救。

2005 年 4 月 25 日上午 9 时 18 分，日本兵库县尼崎市，一辆高速行进的列车在行至一个半径 300m 的右拐弯区间时，因速度过快，直接冲出铁路，撞上了铁路旁的公寓（图 3 - 3）。事故造成第一车厢与第二车厢全毁，106 人死亡，562 人受伤。

图 3 - 3　日本兵库县尼崎市火车事故现场图

自救方法如下：

（1）远离车门，甚至可以趴下。抓住牢固物体，以防被抛出车厢。

（2）低下头，让下颚紧贴胸前，以防颈部受伤。

（3）如果座位不靠近门窗，可保持不动，若接近门窗，应尽快离开。

（4）当火车出轨向前冲时，千万不要尝试跳车。

（5）火车停下来后，不要在火车周围徘徊，要等待救援人员的到来。

（6）列车在运行时遇到停电，千万不可扒门离开车厢进入隧道。

（7）车辆发生碰撞时上身尽量向前倾，胸部紧靠膝盖，头靠在前排座椅背上，双手置于头顶，手掌重叠在一起，前臂贴在脸颊上。

（8）列车车厢内都有一条长约20m、宽约80cm的人行通道，车厢两头有通往相邻车厢的手动或自动门，火车发生火灾时，这些通道是主要逃生通道（图3－4）。

图3－4　列车内部车厢通道示意图

示例二：如何在拥挤的人群中前进。

在拥挤人群中，左手握拳，右手握住左手手腕，双肘撑开平放胸前形成一定空间保证呼吸（如图3－5所示）。

不慎倒地时的自我保护动作如图3－6所示。

3.7.4　触电

电流直接接触进入人体，或在高电压、超高电压的电场下，电流击穿空气或其他介质进入人体而引起全身或局部的组织损伤和功能障碍，甚至发生心搏和呼吸骤停即为触电。当发生心搏和呼吸骤停时救治原则是切断电源，保护自身安全，及时 CPR30min 以上。

①左手握拳，右手握住左手手腕，做到双肘与双肩平行。②稍微弯下腰，双肘在胸前形成牢固而稳定的三角保护区，低姿前进即可。

图 3-5　在拥挤人群中前进示意图

①两手十指交叉相扣，护住后脑和后颈部。
②两肘向前，护住双侧太阳穴。

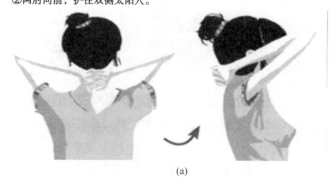

(a)

③双膝尽量前屈，护住胸腔和腹腔的重要脏器。
④侧躺在地。

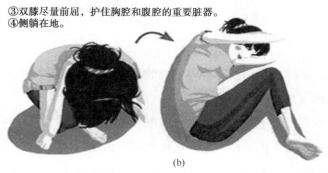

(b)

图 3-6　不慎倒地时的自我保护示意图

3.7.4.1　电流对人体的伤害

主要有两种：一为电流伤：是电流产生的化学作用，通过离子运动引起肌肉收缩、神经传导异常；二为电烧伤：是电产生的热效应。

3.7.4.2　电击伤的临床特征

轻者有惊吓、发麻、头晕、心悸、脸色苍白、四肢无力，部分病人有抽搐、肌肉疼痛。重者出现强直性持续抽搐、休克、昏迷甚至死亡。

低电压电流可引起室颤，继而发生呼吸停止，检查时既无心跳，也无呼吸，患者进入"假死"状态。高电压电流引起呼吸中枢麻痹，患者昏迷、无呼吸，但心跳存在，血压下降，皮肤发紫，若不及时抢救，10min内即可死亡。若系高电压、强电流电击，如雷电，呼吸循环同时受累，多立刻死亡。

3.7.4.3　现场急救

（1）立即断电，关闸或拨去电源插头（图3-7），不能直接拉触电者。

图3-7　急救示意图1

（2）用竹、木等绝缘物挑开电线，或戴绝缘手套或干燥衣物包在手上，救触电者脱离带电体（图3-8）。

（3）站在绝缘垫或干燥木板上，使触电者脱离带电体（图3-9）。

（4）抓住触电者干燥不贴身的衣服拖离带电体（图3-10）。

（5）高压触电者，不能及时停电的，可抛掷裸金属线，使线路短路接地，迫使保护装置启动，断开电源。

发现有人触电，可用干燥的木棒将电线拨离开触电者

图 3 - 8　急救示意图 2

图 3 - 9　急救示意图 3

图 3 - 10　急救示意图 4

抛掷金属线前，应注意将金属线的一端可靠接地，然后抛掷另一端。

呼吸心跳停止进行人工呼吸和胸外心脏挤压（图 3 - 11）。

图 3 - 11　急救示意图 5

3.7.4.4 现场救护注意

（1）不得用金属和其他潮湿物品作救护工具。

（2）未采取绝缘措施前，救护人不得直接接触触电者的皮肤和潮湿衣服。

（3）在拉拽触电者脱离电源过程中，救护人员宜用单手操作。

（4）当触电者位于高位时，采取措施预防触电者在脱离电源后坠地造成二次伤害。

（5）夜间发生触电事故，应考虑切断电源后的临时照明，以利救护。

（6）注意有无二次损伤。如触电后弹离电源或自高空跌下，常并发颅脑外伤、血气胸、内脏破裂、四肢和骨盆骨折等。

（7）现场抢救，不要随意移动伤员，确需移动时，抢救中断时间不应超过10s。心跳呼吸停止者要持续人工呼吸和胸外心脏按压，在医务人员未接替前救治不能中止。

（8）电灼伤的伤口或创面不要用油膏或不干净的敷料包敷，送医院后待医生处理。

电击伤的预防如图3 - 12所示。

3.7.4.5 雷电击伤

多发生在傍晚至凌晨。

雷电损伤有30%死亡率，70%的幸存者有残疾。

雷电击伤对周围神经系统的损伤主要是脊髓脂质破坏。

遇见打雷应注意：①不拿着易燃物质（如汽油）在暴雨中行走；②乘车时不将头手伸出车外；③不快速开摩托、快骑自行车和在雨中狂奔，身体的跨步越大，电压就越大；④不从事水上运动和室外球类运动；⑤勿站立于山顶、楼顶上或其他接近导电性高的物体；⑥尽量与电线、电话线和天线等没接地的导体保持距离；⑦在室外者感到头发竖立，皮肤刺痛，肌肉发抖，即有将被雷电击中的危险，应立即原地下蹲，双脚并拢，双手抱膝。

3.7.5 溺水

溺水是指患者在水中，因吸入水分，或因喉头痉挛，使呼吸道阻塞，而产生

不用湿手、湿布擦带电的灯头
(a)

严禁私设电网
(b)

不要乱拉乱接电线
(c)

不要随意将三眼插头改为两眼插头
(d)

图 3 - 12　现场救护注意事项图

的一种窒息现象。

3.7.5.1　窒息为溺水主要致伤原因

水窒息，呼吸道痉挛梗阻。

3.7.5.2　救治

打开呼吸道；心肺复苏；不要轻易放弃，低温下应抢救更长时间。

3.7.5.3　溺水自救

浅呼气，深吸气。深吸气时，人体比重降到 0.967，比水略轻，可浮出水面，不要将手臂上举乱挣扎。

3.7.5.4　溺水他救

（1）徒手救援一：手援（图 3 - 13）。

（2）徒手救援二：脚援（图 3 - 14）。

图 3 – 13　手援救助溺水人员示意图

图 3 – 14　脚援救助溺水人员示意图

（3）利用物体救援（图 3 – 15）。

延伸物：如竹竿、木棒、树枝、衣服、大毛巾、领带、长裤等都可延伸递给溺者，让溺者抓住，将溺者拉回岸上。

图 3 – 15　利用外物救助溺水人员示意图

①抛物救之一：抛救生绳（图 3 – 16）。

图 3 – 16　抛救生绳救助溺水人员示意图

②抛物救之二：抛救生圈（图 3 – 17）。

图 3 – 17　抛救生圈救助溺水人员示意图

③抛物救之三：抛可以漂浮的任何物（图 3 – 18）。

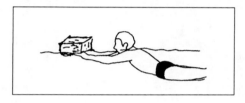

图 3 – 18　抛漂浮物救助溺水人员示意图

3.7.5.5　出水后的救护

（1）立即清除口鼻内污泥呕吐物，保持呼吸道通畅。

（2）牙关紧闭者按捏两侧面颊用力启开。

（3）呼吸微弱或已停止，立即心肺复苏。

（4）不要坐等医生或不经处理直接送医院，丧失最宝贵的抢救时机。

（5）多数溺水是水呛入气管呈“假死”状。

（6）吸入肺中的水不易压出，而进入胃的水，与呼吸无关，让溺水者吐水反倒容易误入气管而呛住。

（7）不要过于强调“控水”，头置于侧位时口腔中水即能流出。

3.7.5.6　注意事项

溺水者急救，动作应轻柔，不可揉擦或按摩溺者的四肢，以免冷的静脉血流回心脏，造成心跳停止。预防休克，以保温衣物包裹溺者身体，维持体温。

思考题

1. 简述危害职业健康的因素。

2. 简述中暑的急救措施和预防方法。

3. 石油作业者在沙漠、戈壁滩中应注意的事项有哪些?

4. 噪声的危害概括起来有哪几个方面?

5. 简述劳动防护用品的特殊性能。

第4章
危害识别与风险评估

20 世纪 70 年代以来，由于重大工业事故的不断发生，预防和控制重大工业事故已成为各国经济发展的重点研究对象之一，引起了国际社会的广泛关注。1993 年第 80 届劳工大会通过了《预防重大工业事故》国际公约和建议书，该公约要求各成员国制订并实施危害识别与风险评估程序，预防重大工业事故的发生。

危害识别与风险评估是对系统发生事故的危险性进行定性或定量分析，评价系统发生危险的可能性及严重程度，以寻求最低的事故率、最少的损失和最优的安全投资效益。它是提高企业 HSE 管理水平和预防重大事故发生的有效措施。主要包括以下几个方面的内容：一是辨识各类危害因素、潜在事故的原因和机制；二是评价危险事件发生的的可能性和事故发生后造成的后果的严重性；三是评价事故发生的可能性和事故后果的联合作用，进行危险分级；四是将上述评价结果与安全目标值进行比较，检查危险性是否达到可接受的水平，否则需要采取措施降低危险等级。危害识别与风险评估是一项比较复杂的工作，需要采用系统工程的思想和方法，收集生产、运行及其他评价对象有关的资料和信息，尤其应对关键的设备设施的不安全状态、操作设备设施的人的不安全行为和作业环境以及安全管理方面存在问题进行分析和评价，找出潜在的危险因素，并针对潜在的危险因素制订出相应的防范措施。

开展危害识别与风险评估是企业 HSE 管理工作的一项十分重要的基础工作，是依靠现代科学技术来预防工业事故的具体体现。目前在我国的企业中，已经引入了工作危害分析法（JHA）、安全检查表分析法（SCL）、故障树分析法（FTA），事故树分析法（ETA）、预危险性分析法（PHA）。故障模式及影响分析法（WI）、危险可操作性分析法（HAZOP）、失效模式与影响分析（FMEA）等系统安全分析方法和危险评估方法。尽管国内外已研究开发出几十种危害识别和风险评估方法和商业化的危害识别和风险评价软件包，但由于危害识别和风险评价不仅涉及管理学、伦理学、心理学、法学等学科相关知识，另外，危害识别和风险评价方法的选取与生产技术水平、安全管理水平、生产者和管理者的素质以及社会和文化背景等因素密切相关。因而，每种评价方法都有一定的适用范围和限度。

4.1 危害及危害因素基本知识

4.1.1 危害及危害因素定义

危害是指可能造成人员伤害、职业病、财产损失、作业环境破坏的根源和状态。危害因素是指能使人造成死亡，对物造成突发性损坏，或影响人的身体导致疾病，对物造成慢性损坏的因素。通常为了区别客体对人体不利作用的特点和效果，分为危险因素（强调突发性和瞬间作用）和危害因素（强调在一定时间范围内的积累）作用。有时也不加区分。以下统称危害因素。客观存在的危险、危害物质或能量超过临界值的设备、设施和场所，都可能成为危害因素。

4.1.2 危害因素的产生

危险因素和危害因素的表现形式不同，但从事故发生的本质来讲，均可归结为能量的意外释放或有害物质的泄漏、散发。人们的生产和生活离不开能量，能量在受控条件下可以做有用功，一旦失控，能量就会做破坏功。如果意外释放的能量作用于人体，并且超过人体的承受能力，就会造成人员伤亡；如果意外释放的能量作用于设备设施或工作的环境等并且能量的作用超过其抵抗力，就会造成设备设施损坏或工作环境受到破坏。

事故隐患泛指现存系统中可导致事故发生的物的危险状态以及人的不安全行为和管理上的缺陷。通常通过检查和分析可以发现、察觉它们的存在，本质上事故隐患属于危险、危害因素的一部分。

4.1.2.1 能量与有害物质

能量与有害物质是危险因素产生的根源，也是最基本的危害因素。一般地说，系统具有的能量越大，存在的有害物质的数量就越多，系统的潜在危害性也越大。另一方面，只要进行活动，就需要相应的能量和物质（包括有害物质），因此，所产生的危害因素是客观存在的。

一切产生、供给能量的能源和能量的载体在一定条件下，都可能是危害因素。如油罐、锅炉及其他爆炸危害物质爆炸时产生的冲击波、温度和压力；高处作业或超重作业过程产生的势能；带电体上的电能；行驶过程中的各种车辆的动能等，在一定条件下都能够造成各类事故。静止的物体棱角、毛刺、地面等等之所以能伤害人体，也是因为运动摔倒时的动能、势能造成的。这些都是由于能量意外释放形成的危害因素。

施工作业场所中由于有毒物质、腐蚀性物质、有害粉尘、窒息性气体等有害物质的存在，当它们直接或间接与人体或物体发生接触，导致人员的死亡、职业病、伤害、财产损失或环境的破坏等，这些都是危害因素。

4.1.2.2 失控

在生产中，人们通过工艺和工艺装备使能量、物质（包括危害物质）按人们的意愿在系统中流动、转换、进行生产；同时又必须约束和控制这些能量及危害物质，消除、减弱产生不良后果的条件，使之不能发生危险、危害后果。如果发生失控（没有采取控制、屏蔽措施或控制、屏蔽措施失效），就会发生能量、危害物质的意外释放和泄漏，从而造成人员伤害和财产损失。所以失控也是一类危害因素，它主要体现在设备故障（或缺陷）、人员失误和管理缺陷三个方面，并且三者之间是相互影响的；它们大部分是一些随机出现的现象或状态，很难预测它们在何时、何地、以何种方式出现，是决定危害发生的条件和可能性的主要因素。

1）故障（包括生产、控制、安全装置和辅助设施等）

故障（含缺陷）是指系统、设备、元件等在运行过程中由于性能（含安全性能）低下而不能实现预定功能（包括安全功能）的现象。在生产过程中故障的发生是不可避免的，迟早都会发生；故障的发生具有随机性、渐近性或突发性，故障的发生是一种随机事件。造成故障发生的原因很复杂（认识程度、设计、制造、磨损、疲劳、老化、检查和维修保养、人员失误、环境、其他系统的影响等），但故障发生的规律是可知的，通过定期检查、维修保养和分析总结可使多数故障在预定期间内得到控制（避免或减少）。掌握各类故障发生规律和故障率是防止故障发生造成严重后果的重要手段，这需要应用大量统计数据和概率统计的方法进行分析、研究（可参考有关书籍、资料）。

系统发生故障并导致事故发生的危害因素主要表现在发生故障、误操作时的防护、保险、信号等装置缺乏、缺陷和设备在强度、刚度、稳定性、人机关系上有缺陷两方面。

2）人员失误

人员失误泛指不安全行为中产生不良后果的行为（即职工在劳动过程中，违反劳动纪律、操作程序和操作方法等具有危险性的做法）。人员失误在一定条件下，是引发危害因素的重要因素。人员失误在生产过程中是不可避免的。它具有随机性和偶然性，往往是不可预测的意外行为；但发生人员失误的规律和失误率通过大量的观测、统计和分析是可以预测的（其方法可参考有关书籍、资料）。

由于态度不正确、技能或知识不足、健康或生理状态不佳和劳动条件（设施条件、工作环境、劳动强度和工作时间）可导致不安全行为。各国根据以往的事故分析和统计资料，各自将某些种类的行为定义为不安全行为。国家标准GB 6441—1986附录中将不安全行为归纳为13类，即操作失误（忽视安全、忽视警告）、造成安全装置失效、使用不安全设备、手代替工具操作、物体存放不当、冒险进入危险场所、攀坐不安全位置、在吊物下作业（停留）、机器运转时加油（修理、检查、调整、清扫等）、有分散注意力行为、忽视使用必须使用的个人防护用品或用具、不安全装束、对易燃易爆等危险品处理错误。

3）管理缺陷

职业安全卫生管理是为保证及时、有效地实现目标，在预测、分析的基础上进行的计划、组织、协调、检查等工作，是预防发生事故和人员失误的有效手段。管理缺陷是影响失控发生的重要因素。

4）环境因素

温度、湿度、风雨雪、照明、视野、噪声、振动、通风换气、色彩等环境因素都会引起设备故障或人员失误，也是发生失控的间接因素。

5）危害因素的类别

对危害因素进行分类，是为便于进行危害因素分析。危害因素的分类方法有许多种。例如《生产过程危险和有害因素分类与代码》（GB/T 13861—2009）、《企业职工伤亡事故分类》（GB 6441—86）。

按导致事故、危害的直接原因进行分类的方法。《生产过程危险和有害因素分类与代码》（GB/T 13861—2009）危害因素分为 4 大类。

（1）人的因素（2 种类）——来自人员自身或人为性质的因素：①心理、生理性；②行为性。

（2）物的因素（3 种类）——机械、设备、设施、材料的因素：①物理性危害和有害因素；②化学性危害和有害因素；③生物性危害和有害因素。

（3）环境因素（4 种类）——生产作业环境中存在的因素：①室内作业场所环境不良；②室外作业场所环境不良；③地下（含水下）作业环境不良；④其他作业环境不良。

（4）管理因素（6 种类）——管理或管理责任缺失导致的因素：①组织机构不健全；②责任制未落实；③管理规章制度不完善；④相关方管理不规范；⑤投入不足；⑥其他管理因素缺陷。

导致事故的危险因素分类如图 4-1 所示。

4.1.3　重大危险、危害因素的辨识

4.1.3.1　重大危险、危害因素

重大危险、危害因素是指能导致重大事故发生的危险、危害因素。重大事故具有伤亡人数众多、经济损失严重、社会影响大的特征。我国一些行业（如化工、石油化工、铁路、航空等）都规定了各自行业确定、划分重大事故的标准，把预防重大事故作为其职业安全卫生工作的重点。

重大事故隐患在不同的行业或部门、不同时期各有其特定的含义和范围，人

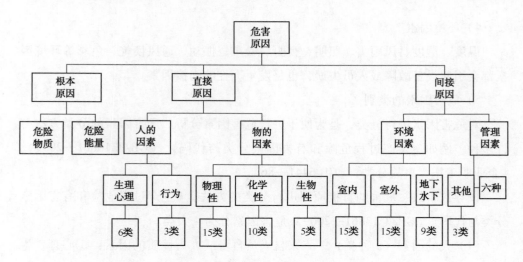

图 4 - 1　导致事故的危险因素分类示意图

们通过发现、整改这些隐患，预防重大事故的发生。实际上它也是重大危险、危害因素的一部分。

随着化学工业、石油化学工业的发展，大量易燃、易爆、有害有毒物质相继问世，它们作为工业生产的原料或产品，在生产、加工处理、储存、运输过程中，一旦发生事故，其后果非常严重。

目前，国际上已习惯将重大事故特指为重大火灾、爆炸、毒物泄漏事故。1993 年国际劳工组织（ILO）通过的《预防重大工业事故公约》中定义重大事故为"在重大危险设施内的一项生产活动中突然发生的、涉及一种或多种危险物质的严重泄漏、火灾、爆炸等导致职工、公众或环境急性或慢性严重危害的意外事故"。

1）由易燃易爆物质寻引起的事故

（1）产生强烈辐射和浓烟的重大火灾。

（2）威胁到危险物质，可能使其发生火灾、爆炸或毒物泄漏的火灾。

（3）产生冲击波、飞散碎片和强烈辐射的爆炸。

2）由有毒物质引起的事故

（1）有毒物质缓慢地或间歇性泄漏。

（2）由于火灾或容器损坏引起的毒物逸散。

（3）设备损坏造成毒物在短时间内急剧泄漏。

（4）大型储存容器破坏、化学反应失控、安全装置失效等引起的有毒物大量泄漏。

由上述重大事故分类可以看出，导致重大事故发生的最根本的危险、危害因素是存在导致火灾、爆炸、中毒事故发生的危险、危害物质。

4.1.3.2　重大危险、危害因素的辨识

重大危险、危害因素的辨识应从是否存在一旦发生泄漏，可能导致火灾、爆炸、中毒等重大危险、危害物质出发，进行分析。目前，国际上是根据危险、危害物质的种类及其限量出发来确定重大危险、危害因素的。在欧共体的塞维索指令中列出了 180 种危险、危害物质及其限量，国际劳工组织也给出了重点危险、危害物质及其限量作为判定重大危险、危害因素的依据。我们国家也有重大危险源辨识标准《重大危险源辨识》（GB 18218—2000），对重大危险、危害因素的辨识可以依据该标准。

4.1.4　危害因素的辨识和分析方法

危害辨识过程是事故预防、安全评价、重大危险源监督管理、建立应急预案体系以及建立职业安全卫生管理体系的基础，许多系统安全评价方法，都可用来进行危险、危害因素的辨识。方法是分析危险、危害因素的工具，选用哪种方法要根据分析对象的性质、特点、寿命的不同阶段和分析人员的知识、经验和习惯来定。常用的辨识方法大致可分为两大类。

4.1.4.1　直观经验法

适用于有可供参考先例、有以往经验可以借鉴的危害辨识过程，不能应用在没有可供参考先例的新系统中。

1）对照、经验法

对照有关标准、法规、检查表或依靠分析人员的观察分析能力，借助于经验和判断能力直观地评价对象危险性和危害性的方法。经验法是辨识中常用的方法，其优点是简便、易行，其缺点是受辨识人员知识、经验和占有资料的限制，

可能出现遗漏。为弥补个人判断的不足，常采取专家会议的方式来相互启发、交换意见、集思广益，使危险、危害因素的辨识更加细致、具体。

对照事先编制的检查表辨识危险、危害因素，可弥补知识、经验不足的缺陷，具有方便、实用、不易遗漏的优点，但须有事先编制的、适用的检查表。检查表是在大量实践经验基础上编制的，美国职业安全卫生局（OHSA）制定、发行了各种用于辨识危险、危害因素的检查表，我国一些行业的安全检查表、事故隐患检查表也可作为借鉴。

2）类比方法

利用相同或相似系统、作业条件的经验和安全生产事故的统计资料来类推、分析评价对象的危险、危害因素。多用于危害因素和作业条件危险因素的辨识过程。

4.1.4.2　系统安全分析方法

即应用系统安全工程评价方法的部分方法进行危害辨识。系统安全分析方法常用于复杂系统、没有事故经验的新开发系统。常用的系统安全分析方法有事件树（ETA）、事故树（FTA）等。美国拉氏姆逊教授曾在没有先例的情况下，大规模、有效地使用了 FTA、ETA 方法，分析了核电站的危险、危害因素，并被以后发生的核电站事故所证实。

4.1.5　控制危险、危害因素的对策措施

消除、预防和减弱危险、危害因素的技术措施和管理措施是事故预防对策中非常重要的一个环节，实质上是保障整个生产、劳动过程安全生产的对策措施。

伤亡事故的原因是如此复杂多样，那么是否就因此对它束手无策了呢？当然不是的，"伤亡事故不可避免"的论调显然是极端错误的。但是，如果认为在目前生产条件下就可以把伤亡事故轻易地消灭掉，也是不大切合实际的。正确的认识是努力提高生产管理水平，充分利用现有技术条件和采用新技术，不断改善劳动条件，消除生产过程中的危险、危害因素，伤亡事故肯定会得到控制而大大减少的。

根据预防伤亡事故的原理，现将几项行之有效的、基本能控制危险、危害因

素的对策分别介绍如下。

4.1.5.1 改进生产工艺过程，实行机械化、自动化生产

机械化、自动化的生产不仅是发展生产的重要手段，也是安全技术措施的根本途径。机械化，减轻劳动强度；自动化，消除人身伤害的危险。

4.1.5.2 设置安全装置

安全装置包括防护装置、保险装置、信号装置及危险牌示和识别标志。

4.1.5.3 机械强度试验

为了安全要求，机械设备、装置及其主要部件必须具有必要的机械强度。但是，这种机械强度不能单凭设计计算加以保证，因为在制造和使用过程中，机械强度往往受到许多因素的影响，如磨损、锈蚀、温度、反复应力等。如果不能及时发现机械强度的问题，就可能造成设备事故以至人身事故。因此，必须进行机械强度试验。例如蒸汽锅炉及其主要附件、受压容器、起重机械及其用具，以及直径较大、转速较高的砂轮等都应规定做机械强度试验。

试验的方法为每隔一定时期对应试验的对象承受比工作负荷高的试验负荷，如果试验的对象在试验时间内没有破损，也没有发生剩余变形或其他不符合安全要求的毛病，就认为合格，可以准许运行。

4.1.5.4 电气安全对策

电气安全对策通常包括防触电、防电气火灾爆炸和防静电等，防止电气事故可采用 5 项对策。

（1）安全认证。

（2）备用电源。

（3）防触电。

（4）电气防火防爆。

（5）防静电措施。

4.1.5.5 机器设备的维护保养和计划检修

机器设备是生产的主要工具，在运转过程中它的有些零部件逐渐磨损或过早损坏，以至引起设备上的事故，其结果不但使生产停顿，还可能使操作工人受到

伤害。因此，要使机器设备经常保持良好状态以延长使用期限、充分发挥效用、预防设备事故和人身事故的发生，必须对它进行经常的维护保养和检修。

4.1.5.6 工作地点的布置与整洁

工作地点就是工人使用机器设备、工具及其他辅助设备对原材料和半成品进行加工的地点完善地组织与合理地布置，不仅能够促进生产，而且是保证安全的必要条件。在配置主要机器设备时，要按照人机工程学要求使工人有最适合的操作位置、座位、脚蹬子、脚蹬板等。在工作地点应有适当的箱、柜、架板等，以便存放工具、量具、图纸、毛坯和成品等。这些箱、柜、架板的安放要符合工人操作的顺序。对于全车间所有机器设备布置安装时，必须考虑使加工物品所经过的线路最短，避免重复往返。车间内各通道必须保证畅通，各机器设备之间，机器设备与墙壁、柱子之间应保持一定距离以便安全和通行。

工作地点的整洁也很重要。工作地点散落的金属废屑、润滑油、乳化液、毛坯、半成品的杂乱堆放，地面不平整等情况都能导致事故的发生。因此，必须随时清除废屑、堆放整齐，修复损坏的地面以保持工作地点的整洁。

4.1.5.7 个人防护用品

采取各类措施后，还不能完全保证作业人员的安全时，必须根据须防护的危险、危害因素和危险、危害作业类别配备具有相应防护功能的个人防护用品，作为补充对策。

对毒性较大的工作环境中使用过的个人防护用品，应制定严格的管理制度，并采取统一洗涤、消毒、保管和销毁的措施并配设必要的设施。

选用特种劳动防护用品（头、呼吸器官、眼、面、听觉器官、手、足防护类和防护服装、防坠落类）时，必须选用取得国家指定机构颁发的特种劳动防护用品生产许可证的企业生产的产品，产品应具有安全鉴定证。

使用某些特种劳动防护用品（如各类防射线服、防毒面具、呼吸器、潜水服等）应有严格的管理制度和检验、维护、修理措施并配设相应的设施。

4.1.6 事故预防对策的基本要求和原则

危险、危害因素的有效控制，可以很好地预防事故的发生，即使发生事故，由于采取了一定的控制措施，可以使事故的损失降低。

4.1.6.1　事故预防对策的基本要求

（1）预防生产过程中产生的危险和危害因素。

（2）排除工作场所的危险和危害因素。

（3）处置危险和危害物并减低到国家规定的限值内。

（4）预防生产装置失灵和操作失误产生的危险和危害因素。

（5）发生意外事故时能为遇险人员提供自救条件的要求。

4.1.6.2　选择事故预防对策的原则

（1）设计过程中，当事故预防对策与经济效益发生矛盾时，宜优先考虑事故预防对策上的要求，并应按下列事故预防对策等级顺序选择技术措施。

① 直接安全技术措施。生产设备本身具有本质安全性能。

② 间接安全技术措施。为生产设备设计出一种或多种安全防护装置。

③ 指示性安全技术措施。采用检测报警装置、警示标志提醒作业人员。

④ 采用安全操作规程、安全教育、培训和个人防护用品等来预防危害。

（2）按事故预防对策等级顺序的要求，设计时应遵循以下具体原则。

① 消除：通过合理的设计和科学的管理，从根本上消除危险、危害因素。

② 预防：当消除危险、危害因素有困难时，可采取预防性技术措施。

③ 减弱：无法消除又难以预防危险、危害因素，可采取减少危险措施。

④ 隔离：在无法消除、预防、减弱危险、危害的情况下，应将人员与危险、危害因素隔开和将不能共存的物质分开。

⑤ 连锁：当操作者失误或设备运行一旦达到危险状态时，应通过连锁装置终止危险、危害发生。

⑥ 警告：在易发生故障和危险性较大的地方，配置醒目的安全色、安全标志；必要时，设置声、光或声光组合报警装置。

4.1.6.3　提出的劳动安全卫生对策应具有针对性、可操作性和经济合理性

（1）针对性是指针对行业的特点和辨识评价出的主要危险、危害因素及其产生危险、危害后果的条件，提出对策。由于危险、危害因素及其产生危险、危害后果的条件具有隐蔽性、随机性、交叉影响性，对策不仅是针对某项危险、危害因素孤立地采取措施，而且应以系统全面地达到国家劳动安全卫生指标为目的，采取优化组合的综合措施。

（2）提出的对策应在经济、技术、时间上是可行的，能够落实、实施的。

（3）经济合理性是指不应超越项目的经济、技术水平，按过高的劳动安全卫生指标提出事故预防对策。

4.2 常用辨识工具简介方法

本节主要对工作危害分析法（JHA）、安全检查表分析法（SCL）、故障树分析法（FTA）、事件树分析法（ETA）、预危险性分析法（PHA）、故障模式及影响分析法（WI）、危险可操作性分析法（HAZOP）、失效模式与影响分析（FMEA）等系统安全分析方法和危险评估方法进行阐述。

本节列举的有些方法，可应用于某些特定的情况，特别是对某些特定的危险状况进行详尽的分析，例如故障树分析、事件树、原因—后果分析、人机可靠性分析（要求工程技术人员须进行专门培训，并能熟练掌握使用）。分析人员使用这些方法时应注意，只有在分析一些特别重要的关键部位时才使用这些方法，因为这些方法比那些粗略的方法所要花费的时间及工作量要多很多。

4.2.1 工作危害分析方法（JobHazardAnalysis 即 JHA）法

4.2.1.1 工作危害分析方法的定义

就是针对日常工作活动、工艺操作等连续或不间断的活动进行危害识别的方法。

4.2.1.2 工作危害分析步骤

主要分析步骤如图 4-2 所示。

也就是说，要明确以下几点。

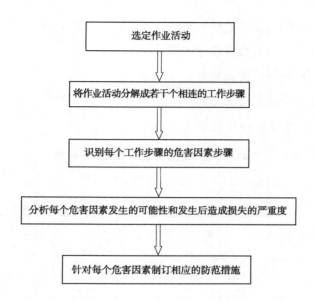

图 4 - 2　工作危害分析步骤

（1）把正常的工作分解为几个主要步骤，即首先做什么、其次做什么等等。

（2）用 3~4 个词说明一个步骤，只说做什么，而不说如何做。

（3）分解时应：①观察工作；②与操作者一起讨论研究；③运用自己对这一项工作的知识；④结合上述三条。

注：对于每一步骤要问可能发生什么事故，给自己提出问题，比如操作者会被什么东西打着、碰着；他会撞着、碰着什么东西；操作者会跌倒吗；有无危害暴露，如毒气、辐射、焊光、酸雾等。

（4）识别每一步骤的主要危害后果。

（5）识别现有安全控制措施。

（6）进行风险评估。

（7）建议安全工作步骤。

4.2.1.3　划分评估对象

可以按以下几个方面进行划分。

（1）按照生产流程来划分。

（2）按照地进区域来划分。

（3）按每一次的施工作业任务来划分。

（4）按照生产过程或服务程序来划分。

（5）按部门的不同职能来划分。

（6）或者上述不同情况的组合。

4.2.1.4　工作危害分析记录表（表4-1）

表4-1　工作危害分析（JHA）记录表

工作/任务：_____　区域/工艺过程：_____

分析人员：_____　日　　　期：_____

序号	工作步骤	危害或潜在事件	主要后果	现有安全控制措施	P	S	风险度（R）	建议改正/控制措施

注：P——危害或潜在事件发生的可能性；

　　S——危害或潜在事件发生后造成后果的严重度；

　　R——危害或潜在事件发生的风险度；

其中，$R = P \times S$。

例如乘升降平台作业工作危害分析（JHA）记录表（表4-2）

表 4 − 2　升降平台作业工作危害分析（JHA）记录表

工作任务：　　升降平台作业　　区域/工艺过程：　　厂区　　

分析人员：＿＿＿＿＿＿＿＿＿＿＿＿　　日　　期：＿＿＿＿＿＿＿＿＿＿＿

序号	工作步骤	危害或潜在事件	主要后果	现有安全控制措施	P	S	风险度（R）	建议改正/控制措施
1	检查机动电源	电源线破损	触电	有操作规程偶尔不执行	1	3	3	
2	检查制动开关	制动失灵	工伤、设备损害	有操作规程偶尔不执行	1	4	4	
3	安放升降台	地面不平、升降台歪倒	工伤、设备损害	有操作规程偶尔不执行	1	5	5	
4	安装保险支腿	图省事不装保险支腿	工伤、设备损害	有操作规程偶尔不执行	1	5	5	
5	试升平台	直接载人升降	工伤	有操作规程偶尔不执行	1	3	3	
6	作业准备	安全帽、安全带不佩戴	工伤	有操作规程、部分执行	3	2	6	
7	升台作业	重量超载	设备损坏	有操作规程偶尔不执行	1	2	2	
8	降台作业	速度太快	摔伤	有操作规程偶尔不执行	2	2	4	

4.2.2　安全检查表分析法

4.2.2.1　目的

安全检查表分析利用检查条款按照相关的标准、规范等对已知的危险类别、设计缺陷以及与一般工艺设备、操作、管理有关的潜在危险性和有害性进行判别检查。

可适用于工程、系统的各个阶段。安全检查表可以评价物质、设备和工艺，常用于专门设计的评价，检查表法也能用在新工艺（装置）的早期开发阶段，判定和估测危险，还可以对已经运行多年的在役（装置）的危险进行检查（安全检查表常用于安全验收评价、安全现状评价、专项安全评价，而很少推荐用于安全预评价）。

4.2.2.2　安全检查表的定义

为了系统地识别工厂、车间、工段或装置、设备以及各种操作管理和组织中的不安全因素，事先将要检查的项目，以提问方式编制成表，以便进行系统检查和避免遗漏，这种表叫做安全检查表。

检查表有各种形式，不论何种形式的检查表，总体的要求是第一内容必须全面，以避免遗漏主要的潜在危险；第二要重点突出，简明扼要，否则的话，检查要点太多，容易掩盖主要危险，分散人们的注意力，反而使评价不确切。为此，重要的检查条款可作出标记，以便认真查对。

安全检查表主要有以下优点。

（1）检查项目系统、完整，可以做到不遗漏任何能导致危险的关键因素，因而能保证安全检查的质量。

（2）可以根据已有的规章制度、标准、规程等，检查执行情况，得出准确的评价。

（3）安全检查表采用提问的方式，有问有答，给人的印象深刻，能使人知道如何做才是正确的，因而可起到安全教育的作用。

（4）编制安全检查表的过程本身就是一个系统安全分析的过程，可使检查人员对系统的认识更深刻，更便于发现危险因素。

4.2.2.3　安全检查表的分类

安全检查表的分类方法可以有许多种，如可按基本类型分类，可按检查内容分类，也可按使用场合分类。

目前，安全检查表有 3 种类型：定性检查表、半定量检查表和否决型检查表。定性安全检查表是列出检查要点逐项检查，检查结果以"对"、"否"表示，检查结果不能量化；半定量检查表是给每个检查要点赋以分值，检查结果以总分表示，有了量的概念，这样，不同的检查对象也可以相互比较，但缺点是检查要点的准确赋值比较困难，而且个别十分突出的危险不能充分地表现出来，我国原化工部 1990 年、1991 年、1992 年安全检查表以及中国石化、天然气总公司安全评价方法中的检查表即为此种类型；否决型检查表是给一些特别重要的检查要点作出标记，这些检查要点如不满足，检查结果视为不合格，即具一票否决的作用，这样可以做到重点突出，我国的《GB 13548—92 光气及光气化产品生产装置安全评价通则》中的检查表即属此类。

由于安全检查的目的、对象不同，检查的内容也有所区别，因而应根据需要制定不同的检查表，如日本消防厅的检查表侧重于事故发生后的消防活动，对安全措施进行检查；而日本劳动省的检查表则侧重于劳动灾害对工艺过程的安全管理进行检查。我国原化工部 1990～1992 年发布的 3 个检查表侧重于安全管理；而中国石化、天然气总公司安全评价方法中的检查表除包括安全管理的内容外，更多地涉及到各类生产设备的选型、材质、结构及安全附件等。

安全检查表按其使用场合大致可分为以下几种。

（1）设计用安全检查表：主要供设计人员进行安全设计时使用，也以此作为审查设计的依据。其主要内容包括厂址选择，平面布置，工艺流程的安全性，建筑物、安全装置、操作的安全性，危险物品的性质、储存与运输，消防设施等。

（2）厂级安全检查表：供全厂安全检查时使用，也可供安技、防火部门进行日常巡回检查时使用。其内容主要包括厂区内各种产品的工艺和装置的危险部位，主要安全装置与设施，危险物品的贮存与使用，消防通道与设施，操作管理以及遵章守纪情况等。

（3）车间用安全检查表：供车间进行定期安全检查。其内容主要包括工人安全、设备布置、通道、通风、照明、噪声、振动、安全标志、消防设施及操作管理等。

（4）工段及岗位用安全检查表：主要用作自查、互查及安全教育。其内容应根据岗位的工艺与设备的防灾控制要点确定，要求内容具体易行。

（5）专业性安全检查表：由专业机构或职能部门编制和使用。主要用于定期的专业检查或季节性检查，如对电气、压力容器、特殊装置与设备等的专业检查表。

4.2.2.4　安全检查表的编制

编制安全检查表的主要依据如下。

（1）有关标准、规程、规范及规定。为了保证安全生产，国家及有关部门发布了一些不同的安全标准及文件，这是编制安全检查表的一个主要依据。为了便于工作，有时可将检查条款的出处加以注明，以便能尽快统一不同的意见。

（2）国内外事故案例。前事不忘，后事之师，以往的事故教训和研制、生产过程中出现的问题都曾付出了沉重的代价，有关的教训必须汲取，因此，要搜集国内外同行业及同类产品行业的事故案例，从中发掘出不安全因素，作为安全检查的内容。国内外及本单位在安全管理及生产中的有关经验，自然也是一项重要内容。

（3）通过系统安全分析确定的危险部位及防范措施，也是制定安全检查表的依据。系统安全分析的方法可以多种多样，如预先危险分析、可操作性研究、故障树等等。

4.2.2.5　编制程序及应用说明

检查表的编制程序如图4-3所示。

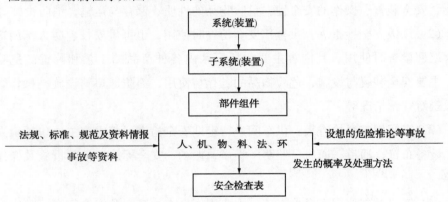

图4-3　安全检查表编制程序图

一旦确定检查的范围，安全检查表分析应包括3个主要步骤。

（1）选择安全检查表。安全检查表分析方法是一种经验为主的方法。安全评价人员从现有的检查表中选取一种适宜的检查表（例已有的机械工厂安全检查表、非煤矿山安全检查表、石油化工安全检查表等），如果没有具体的、现成的安全检查表可用，分析人员必须借助已有的经验，编制出合适的安全检查表。

编制安全检查表评价人员应有丰富的经验，最好具备丰富生产工艺操作经验，熟悉相关的法规、标准和规程。

安全检查表的条款应尽可能完善，以便有针对地对系统的设计和操作进行检查（对工艺部分，安全检查表应比一般的安全检查表增添一些细节部分内容，以便检查更彻底）。

（2）安全检查。对现有系统装置的安全检查，应包括巡视和自检检查主要工艺单元区域。在巡视过程中，检查人员按检查表的项目条款对工艺设备和操作情况逐项比较检查。检查人员依据系统的资料，对现场巡视检查、与操作人员的交谈以及凭个人主观感觉来回答检查条款。当检查的系统特性或操作有不符合检查表条款上的具体要求时，分析人员应记录下来（新工艺的安全检查表分析，在开工之后，通常检查小组应开会研究，针对工艺流程图进行检查，与检查表条款相比较，对设计不足之处进行讨论）。

（3）评价的结果。检查完成后，将检查的结果汇总和计算，最后列出具体的安全建议和措施。

4.2.3　其他工具介绍

4.2.3.1　预先危险分析（Preliminary Hazard Analysis，PHA）

预先危险分析是一项实现系统安全危害分析的初步或初始的工作，是在方案开发初期阶段或设计阶段之初完成的，可以帮助选择技术路线。它在工程项目预评价中有较多的应用，应用于现有工艺过程及装置也会收到很好的效果。

4.2.3.2　故障类型及影响分析（Failure Mode and Effect Analysis，FMEA）

这种方法的特点是从元件、器件的故障开始，逐次分析其影响及应采取的对策。其基本内容是为找出构成系统的每个元件可能发生的故障类型及其对人员、操作及整个系统的影响。可以说，故障类型及影响分析从元件的角度出发，回答了"如果……怎么样？"的问题。它也是一种定性的危险分析方法。

4.2.3.3　可操作性研究（Operability – Study，OS）

可操作性研究也是一种定性危险分析方法，它是一种以系统工程为基础，针对化工装置而开发的一种危险性评价方法。它的基本过程是以关键词为引导，找出过程中工艺状态的变化（即偏差），然后再继续分析造成偏差的原因、后果及可以采取的对策。可操作性研究近年来常称作危险及可操作性研究（HAZOP）。通过可操作性研究的分析，能够探明装置及过程存在的危险，根据危险带来的后果明确系统中的主要危害。如果需要，可利用故障树对主要危害继续分析，因此这又是确定故障树"顶上事件"的一种方法，可以与故障树配合使用。在进行可操作性研究过程中，分析人员对于单元中的工艺过程及设备将会有深入了解，对于单元中的危险及应采取的措施会有透彻的认识，因此，可操作性研究还被认为是对员工进行培训的有效方法。

4.2.3.4　事件树分析（Event Tree Analysis，ETA）

事件树是判断树在灾害分析上的应用。判断树（DecisionTree）是以元素的可靠性系数表示系统可靠程度的系统分析方法之一，是一种既能定性，又能定量分析的方法。

4.2.3.5　故障树分析（Fault Tree Analysis，FTA）

故障树分析（FTA）技术是美国贝尔电话实验室于 1962 年开发的，它采用逻辑的方法，形象地进行危险的分析工作，特点是直观、明了，思路清晰，逻辑性强，可以做定性分析，也可以做定量分析。故障树分析体现了以系统工程方法研究安全问题的系统性、准确性和预测性，它是安全系统工程的主要分析方法之一。

4.3　风险评估与控制

4.3.1　风险评估的类型

风险评估有两大类，它们之间并不互相排斥。第一类是把已知风险的信息应用到所考虑的环境中去，从而计算出目标概率，这是一种定量的风险评估。第二类风险评估是一种主观分析，这是一种以风险的综合数据为依据的个人判断，是一种定性的分析。除了特别的高风险案例外，公众所关心的是哪里会发生事故，事故有多大多严重，在回答这些问题时，用定性风险评估较为简单，也较为适合。法律所要求的也是这一类评估，除非有理由要求使用更加严格的方法。

虽然危害、风险存在于不同的物理领域或者作业场所，一个可以覆盖它们的基本标准的通用的风险评估还是可以作出的。这就是所谓的"通用"的或者"模式化"的评估，而且应当包括在安全政策的文件中。有时，出于特别的情况或者特殊的理由，当未能给出足够详细的评估时，这些情况要在安全政策中有所说明来引起注意，以便采取进一步的行动。也有另一种情况，这时与特定情况相联系的特定危害要求，每一次都要进行特殊的评估。例如拆除、装配钢结构及拆除石棉等。

4.3.2　根据风险对危害排序

在很多情况下，需要对要采取控制行动的危害，做出一个优先顺序表对这些危害进行排序，有的很简单，有的相当复杂。对于要控制的危害进行排队的基础，是"最坏的排在最前"。

下面的例子，给出了一个决定风险的相对重要性的简单方法。这个方法考虑了后果（严重性），也考虑了事件发生的概率。计算事件的后果比事件发生的概率要容易，因为对有些危害，很难找到数据。从经验中得到的数据，在计算中也可以使用。因此，就有可能用一个简单的公式来进行排队的计算，即风险＝严重性×概率。这种计算可以用任何数值来进行，只要它们具有一致性。最简单的办法是用一种16点的比例赋值：严重度分级赋值及危害的概率分级赋值（表4－3、表4－4）。

表4－3　严重度分级赋值及表现特征

严重度的分级	表现特征	取值
灾难性的	具有紧急的危险，具有引起大范围的死亡及伤病的危害能力	1
严重性的	危险能引起严重的疾病、伤亡、财产及设备损失	2
临界的	危害能引起疾病、伤害及设备损失但不是严重的	3
可忽略的	危害不会引起严重的疾病与伤害，极小的伤害可能，伤害程度不需急救处理	4

表4-4 危害概率的分级赋值及表现特征

危害概率的分级	表现特征	取值
可能发生	有可能立刻发生或短期内会发生	1
有理由可能发生	一段时间内会发生	2
可能性小	一段时间内可能发生	3
可能性极小	不太可能发生	4

这些分类还可以进一步改进，而所谓"时间"也可以有明确的定义，同时还可以做更细的分级，这时数字就会加大。有一些组织增加了分类的数目，把暴露在危害中的人数、暴露的时间等都考虑在内。然而，定义越精确，为进行精确的预测，所要的数据也越多。另外要注意的是，这种类型的排列方法也存在问题，需要使用者注意。其中的一个问题是长期的健康风险，因为缺少足够的数据而可能得不到应有评估。另一个问题是低严重度高频率的风险的数值可能与高严重度低频率的风险相同。这要在引用数据、进行分类和评估时，考虑专家的意见来处理。

4.3.3 决策

完成这一过程，要有关于危害的替换方案的信息及控制风险的方法的信息。培训，对设备、工厂等的替换的可能性，改进的可能性及解决方案的成本也都是影响决策的因素。决策中，还会正式地或非正式地采用费效分析。

费效分析要知道建议中改进方案的成本。这又包括了降低风险的成本、消防危害的成本及其他各项开支。对于回报时间的计算也是需要的。对于所要采取的行动的决策，往往是与在一个3~5年的期间内所能得到的安全健康的改进相联系的。使用这些技术将会指导组织的资源流向其最需要的地方。

4.3.4 风险矩阵及应用

4.3.4.1 评价准则的依据

（1）有关安全法律、法规要求。

（2）行业的设计规范、技术标准。

（3）公司的安全管理标准、技术标准。

（4）合同规定。

（5）公司的安全生产方针和目标等。

4.3.4.2　风险评价准则

采用事件发生的可能性 L 和后果的严重性 S 及风险度 R 进行，$R = L \times S$。

（1）事件发生的可能性 L 参照表 4 – 5 来制定。

（2）事件发生后果的严重性 S 参照表 4 – 6 来制定。

（3）风险的等级判定准则及控制措施和实施期限参照表 4 – 7、表 4 – 8 来制定。

表 4 – 5　事件发生的可能性 L 判断准则

等级	标准	备注
5	在现场没有采取防范、监测、保护、控制措施，或危害的发生不能被发现（没有监测系统，或在正常情况下经常发生此类事故或事件	
4	危害的发生不容易被发现，现场没有检测系统，也未作过任何监测，或在现场有控制措施，但未有效执行或控制措施不当，或危害常发生或在预期情况下发生	
3	没有保护措施（如没有保护装置、没有个人防护用品等），或未严格按操作程序执行，或危害的发生容易被发现（现场有监测系统），或曾经作过监测，或过去曾经发生类似事故或事件，或在异常情况下发生类似事故或事件	
2	危害一旦发生能及时发现，并定期进行监测，或现场有防范控制措施，并能有效执行，或过去偶尔发生危险事故或事件	
1	有充分、有效的防范、控制、监测、保护措施，或员工安全卫生意识相当高，严格执行操作规程。极不可能发生事故或事件	

表4-6　事件后果严重性 S 判别准则

等级	法律、法规及其他要求	人	财产/万元	停工	环境污染、资源消耗	公司形象
5	违反法律、法规和标准	死亡	>50	装置（>2套）或设备大规模停工	公司外	重大国际、国内影响
4	潜在违反法规和标准	丧失劳动能力	>25	2套装置停工或设备停工	公司内严重污染	行业内、集团公司内
3	不符合公司的安全方针、制度、规定等	截肢、骨折、听力丧失	>10	1套装置停工或设备停工	公司内中等污染	地区影响
2	不符合公司的安全操作程序、规定	轻微受伤、间歇不舒适	<10	受影响不大，几乎不停工	装置范围污染	公司及周边范围
1	完全符合	无伤亡	无损失	没有停工	没有污染	形象没受损

表4-7　风险矩阵

可能性（L） ＼ 严重性（S）	1	2	3	4	5
1	1	2	3	4	5
2	2	4	6	8	10
3	3	6	9	12	15
4	4	8	12	16	20
5	5	10	15	20	25

表 4 - 8 风险等级判定准则及控制措施

风险度 R	风险等级	应采取的行动/控制措施	实施期限
20 ~ 25	巨大	在采取措施降低危害前不能继续作业,对改进措施进行评估	立刻
15 ~ 16	重大	采取紧急措施降低风险,建立运行控制程序,定期检查、测量及评估	立即或近期整改
9 ~ 12	中等	可考虑建立目标、建立操作规程,加强培训及沟通	2 年内治理
4 ~ 8	可接受	可考虑建立操作规程、作业指导书但需定期检查	有条件、有经费时治理
<4	可忽略	无需采用控制措施,但需保存记录	

按风险度 R = 可能性 L × 严重性 S,计算出风险值。风险值 $R \leqslant 8$ 的确定为一级风险,风险值 R 在 9 ~ 12 的确定为二级风险,风险值 R 在 15 ~ 16 的确定为三级风险,风险值 R 在 20 ~ 25 的确定为重大风险。

4.3.5 危险源辨识、风险评价和风险控制策划的步骤

危险源辨识和风险评价是初始状态评审的一个主要内容,同时作为体系的要素,又是体系运转中的重要环节。

4.3.5.1 对危险源辨识、风险评价和风险控制策划的步骤

对危险源辨识、风险评价和风险控制的策划的基本步骤,如图 4 - 4 所示。

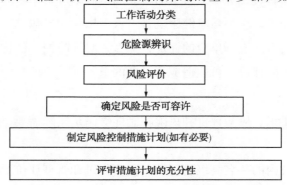

图 4 - 4 对危险源辨识、风险评价和风险控制的策划的基本步骤

1）工作活动分类

编制一份工作活动表，其内容包括厂房、设备、人员和程序，并收集有关信息。

2）危险源辨识

辨识与各项工作活动有关的所有危险源，考虑谁会受到伤害以及如何受到伤害。

3）风险评价

在假定计划或现有控制措施适当的情况下，对与各项危险源有关的风险作出主观评价。评价人员还应考虑控制的有效性以及一旦失败所造成的后果。

4）确定风险是否可容许

判断计划的或现有的职业安全卫生措施是否足以把危险源控制住并符合法规的要求。

5）编制风险控制措施计划（如有必要）

编制计划以处理评价中发现的、需要重视的任何问题。组织应确保新采取的和已有的控制措施仍然适当和有效。

6）评审措施计划的充分性

针对已修正的控制措施，重新评价风险，并检查风险是否可容许。

4.3.5.2 实施过程要求及考虑因素

企业在策划危害辨识、风险评价和风险控制时应考虑诸多因素。危害辨识、风险评价和风险控制过程涵盖了所有的职业安全健康危害，较好的方法是对全部的危害进行综合评价，而不是对健康危害、人工搬运和机械危害等进行单个的评价。如果使用不同方法进行单个的评价，那么，对风险控制的优先顺序进行排列将更加困难。单个的评价也可能造成不必要的重复。

1）要求

为保证危害辨识、风险评价和风险控制能够满足实际需要、企业应该做到以下几点。

（1）指定单位内的一名高级管理人员负责促进和管理评价活动。

（2）征询相关人员的意见，讨论计划做什么并得到建议和承诺。

（3）确定评价人员/小组对于风险评价培训的需求，并实施适当的培训计划。

（4）评审评价的充分性，判定评价是否合适和是否充分。

（5）将管理的具体内容和评价的重要发现做成文件。

2）考虑因素

在着手开展危害辨识、风险评价和风险控制时，需仔细考虑以下方面。

（1）危害辨识、风险评价和风险控制的方式。

（2）作业活动分类的标准以及每项作业活动所需的信息。

（3）识别危害和危害分类的方法。

（4）确定风险的程序。

（5）描述评价风险水平的词汇。

（6）确定风险是否可承受的标准，计划的和现有的控制措施是否充分。

（7）采取改进措施的时间表。

（8）提出的风险控制方法。

（9）评审措施计划充分性的标准。

3）危害分类及识别

危害也可称为危险因素或危害因素。危险因素是指能使人造成伤亡、对物造成突发性损害或影响人的身体健康导致疾病、对物造成慢性损害的因素。通常，为了区别客体对人体不利作用的特点和效果，分为危险因素（强调突发性和瞬间性）和危害因素（强调在一定时间范围内的积累作用）。有时，对两者不加以区分，统称危险因素。

对危险、危害因素进行分类，是为了便于进行危险、危害因素辨识和分析。危险、危害因素的分类方法有许多种，如按导致事故、危害的直接原因分类，参照事故类别及职业病类别分类。这里只介绍第一种分类。

按导致事故、危害的直接原因，根据国标 GB/T 13861—2009《生产过程危险和危害因素分类代码》的规定，将生产过程中危险和危害因素分为 4 大类：①人的因素；②物的因素；③环境因素；④管理因素。

危害识别的方法通常有询问和交流、现场观察、查阅有关记录、获取外部信息以及安全检查表等。

4）确定风险及制定风险控制措施

通常用危害性事件发生可能性和后果严重度来表示风险的大小。按评价结果类型可将风险评价分为定性评价和定量评价两种。

定性评价方法是根据经验对生产中的设备、设施或系统等，从工艺、设备本身、环境、人员配置和管理等方面的状况进行定性的判断，评价结果用危险集合给出。安全检查表是一种常用的定性评价方法。

定性评价方法的优点是简单、直观、容易掌握，并且可以清楚地表达出设备、设施或系统的当前状态。在进行定性评价时，将事故后果的严重程度定性分为若干级，称为危害时间的严重度等级；事故发生的可能性，可根据危害时间出现的频繁程度，相对地分为若干级，称为危害时间的可能性等级。例如，风险评价指数矩阵法将严重度分为4级，将危害事件的可能性等级分为5级。以危害事件的严重性等级作为表的列项目，以危害性事件的可能性等级作为表的行项目，制成二维表格，在行列的交叉点上给出定性的加权指数，所有加权指数构成一个矩阵，该矩阵称为风险指数矩阵。矩阵中指数的大小按可以接受的程度划分类别，也可称为风险接受准则。危害辨识、风险评价和风险控制的结果应按优先顺序进行排列，根据风险的大小决定哪些要继续维持，哪些需要采取改善的控制措施，并列出风险控制措施计划清单。

在选择控制措施时应考虑以下因素。

（1）若可能，完全消除危害或消灭风险来源，如用安全物质取代危险物质。

（2）若不可能消除，则努力降低风险，如使用低压电源。

（3）在可能情况下，使工作适合于人，如考虑人的心理和生理承受能力。

（4）利用技术改进控制措施。

（5）将技术控制和程序控制结合起来。

（6）引入计划的诸如机械安全防护装置的维修需求。

（7）个人防护设备的使用，应作为其他措施考虑之后的最终手段。

（8）应急安排的需求及应急设备，考虑建立应急和疏散计划。

（9）采用主动测量参数检测是否符合控制。

5）定性与定量风险评价

对于高风险或大型、工艺复杂的企业，在进行危害辨识和风险评价时，宜采用系统风险分析及评价方法。系统风险分析及评价方法是对系统中的危险性、危害性进行分析评价的工具。目前，已开发出数十种评价方法，每种评价方法的原理、目标、应用条件、评价对象、工作量均不尽相同，各有其优、缺点。按评价方法的特征一般分为定性评价、定量评价和综合评价。

（1）定性评价：根据人的经验和判断能力对生产工艺设备人员管理等方面的状况进行评价。

（2）半定量评价：用一种或几种可直接或间接反映物质和系统危险性的指数（指标）来评价系统的危险性大小。

（3）定量评价：用系统的事故发生概率和事故严重程度来评价。

危险评价的内容相当丰富，评价的目的和对象也不同，具体的评价内容和指标也不同。目前，常用的评价方法有安全检查表法（SCL）、预先危险分析法（PHA）、故障树分析法（FTA）、事件树分析法（ETA）、火灾及爆炸危险性指数评价法（DOW）、帝国化学工业公司蒙德法（MOND）、日本危险性评价法、作业条件危险性评价法（LEC）、故障类型和影响分析法等（FMEA）等。

LEC 法是一种简单易行的、评价人们在具有潜在危险性环境中作业时的危险性的半定量评价方法。它是利用与系统风险率有关的 3 种指标值之积来评价系统人员伤亡风险大小，这 3 种因素是：L——因素发生事故的可能性大小；E——人体暴露在危险环境中的频繁程度；C——一旦发生事故会造成的损失后果。

但是，要取得这 3 个因素的科学准确的数据是相当繁琐的过程。为了简化评价过程，可采取半定量的计算方法，给 3 种因素的不同等级确定不同的分值，再以三个分值的乘积 D 来评价危险性的大小。即 D（$D = L \times E \times C$）值大，说明该系统危险性大，需要增加安全性措施，或改变发生事故的可能性，或减少人体暴露于环境中的频繁程度，或减轻事故损失，直至调整到允许范围。通常，L（发生事故的可能性）、E（暴露于危险环境的频繁程度）、C（发生事故产生的后果）及 D（危险性分值）等级与取值划分如表 4 - 9、表 4 - 10、表 4 -11、表 4 - 12。

表4-9 发生事故的可能性（L）取值表

分数值	事故发生可能性
10	完全可能预料
6	相当可能
3	可能、但不经常
1	可能性小、完全意外
0.5	很不可能、可以设想
0.2	极不可能
0.1	实际不可能

表4-10 暴露于危险环境的频繁程度（E）取值表

分数值	暴露于危险环境的频繁程度
10	连续暴露
6	每天工作时间暴露
3	每周一次暴露
2	每月一次暴露
1	每年几次暴露
0.5	非常罕见的暴露

表4-11 发生事故产生的后果（C）取值表

分数值	发生事故产生的后果
10	大灾难、许多人死亡
8	灾难、数人死亡
6	非常严重、一人死亡
4	严重、重伤
2	重大、致残
1	引人注目、需要保护

表 4 - 12　危险性分值（D）等级划分表

分数值	危险程度
大于 20	极其危险、不能继续作业
15 ~ 20	高度危险、要立即整改
9 ~ 14	显著危险、需要整改
4 ~ 8	一般危险、需要注意
小于 4	稍有危险、可以接受

需要注意的是，危险等级的划分是凭经验判断，难免带有局限性，不能认为是普遍适用的，应用时需要根据实际情况予以修正。

4.4　高含硫气田开发过程主要危险及控制

4.4.1　高含硫气田开发过程的危害特点

高含硫天然气开发属于高风险行业，风险存在于高含硫天然气的开采、集输、净化等生产环节，原因在于其所处理物料和所用工艺的危害和风险。

（1）物料（原料、中间产物及成品等）大多具有易燃、易爆的特性，物料往往有毒，有的毒性还很强，如一氧化碳、氨气、氯气、硫化氢、光气等。此外，有些物质甚至还具有很强的腐蚀性，如盐酸、硫酸等。

（2）工艺过程复杂，工艺条件苛刻，工艺上常常需要高压、高温或深度冷冻等。

（3）作业方式多样化。天然气开采、净化装置规模大型化、连续化、自动化；采气、集输、油建等因在野外作业，不得不在各种各样恶劣的气候条件下工作。

4.4.2 高含硫气田硫化氢等高剧毒物风险分析

4.4.2.1 硫化氢、二氧化碳含量比较（表4-13）

表4-13 高含硫气田硫化氢与二氧化碳含量对比

序号	油气田	硫化氢含量/ppm	二氧化碳含量/ppm	Cl_2
1	普光气田	平均151600	平均80000	
2	元坝气田	平均50200	平均53700	
3	川西深层	平均6000		
4	西北油田	平均3351 最高84186	平均29600 最高829000	

4.4.2.2 几种常见的高毒物毒性比较（表4-14）

表4-14 几种常见的高毒物性质对比

项目	硫化氢	CO	Cl_2	SO_2	苯	氰化物
沸点/℃	-60.2	-191	-33.89	-10.0	80.1	熔点沸点1496
爆炸极限	4.3%~4.6%（V）	12.5%~74.2%			1.3%~7.1%	
毒性	神经毒物	呼吸血液中毒	呼吸毒物	呼吸道、眼刺激	中等神经、血液毒物	消化道、皮、呼吸剧毒物
阈限值	10ppm，15mg/m^3		1mg/m^3	2ppm，5.4mg/m^3	40mg/m^3	0.3mg/m^3
安全临界浓度	20ppm，30mg/m^3	30mg/m^3	1mg/m^3	5ppm，14mg/m^3	40mg/m^3	0.3mg/m^3
危险临界浓度	100ppm					

4.4.2.3 高含硫气田风险分析

（1）剧毒风险：尽管氰化钠等氰化物、苯及衍生物列为Ⅰ级毒物（极度危害），但苯常温下是液体，呼吸中毒LC_{50}10000ppm较高。硫化氢、CO、Cl_2在常温下为气体，均为Ⅱ级毒物（高度危害），但$COLC_{50}$（半致死浓度）较高。

（2）量的风险：①集成管道设计阀间硫化氢为1400m^3，若扩散高度为15m，平均扩散浓度分别为 100ppm、1000ppm，其扩散半径分别为 960m、310m；②井喷失控，设无阻流量 $700 \times 10^4 m^3/d$，硫化氢浓度 14.5%，即 $101.5 \times 10^4 m^3/d$ 硫化氢（100%）、$4.23 \times 10^4 m^3/h$，705m³/min，按 5min 点火，3525m³ 100% 含量硫化氢，则 100ppm 扩散高度 15m，其扩散半径为 1600m；1000ppm 扩散高度 15m，其扩散半径为 550m。

（3）压力风险：川东北集输管道压力 10MPa 左右，而一般地面气体球罐压力 <2MPa（如液化气球罐 1.6~1.7MPa）。

（4）硫化氢、二氧化碳腐蚀的风险：西北、川东北均为高含硫化氢和二氧化碳油气田，腐蚀泄漏是最大风险。

普光气田：①投产初期：进口井站汇管及加热炉因腐蚀泄漏全部更换。②2009 年投产，2011 年底检测已发现集输管多处出现严重腐蚀。

（5）标准的风险：①《高含硫化氢气田集输管道安全规程》（SY/6780—2011）中规定集输管道安全距离：埋地管道搬迁距离 40m，裸露管道 200m；②《含硫化氢天然气井公众安全防护距离》（AQ2018—2008）（要求井喷失控 15min 内点火）（表 4-15）。

表 4-15　硫化氢天然气井公众安全防护距离

	住宅/m	铁路/m	公共设施/m	城镇中心/m	14% 硫化氢相当产量/ $(10^4 m^3/d)$
三级	100	200	500	500	<62
二级	100	300	500	1000	62~309
一级	100（300m 内住户少于 20 户）	300	1000	1000	>309

（6）公众社会环境恶劣的风险比较（表 4-16）。

表 4-16　公众社会环境恶劣的风险比较

	俄罗斯、法国、加拿大	川东北
地面条件	平原	山区
逃生形式	乘车	步行
人口密度	小	大

4.4.3 天然气开采过程的主要危险及控制

天然气开采是高风险性的作业，采气生产是指天然气从地层进入采气井筒，通过井筒到达地面采气树井口，再由井口加热炉进入干线到达集气站的生产过程。天然气开采生产的全过程中，针对天然气易燃易爆、有毒有害的特点，应该采取相应的安全技术措施，主要应该注意采取"八防"——防火、防爆、防触电、防中毒、防高空坠落、防冻堵、防机械伤害、防物体打击。并对天然气开采全过程进行危险因素排查，制定风险消减措施。

4.4.3.1 井口采气树

（1）更换压力表容易造成人身伤害事故。控制措施：要定期校验压力表，严格遵守操作规程；更换压力表后要进行试压，做到不渗漏；仔细检查安装的压力表丝扣是否完好和表接头扣型是否对应；缓慢操作，确认无压力后，方可安全操作。

（2）井口法兰间及闸门丝杠处漏气，遇到火容易发生火灾事故。控制措施：发现情况应及时上报上级部门，进行作业维修消除隐患；杜绝井场明火，设置严禁烟火的标志牌；严禁用非防爆工具进行井口操作；查井人员应戴好防毒面具或站在上风口处进行作业。

（3）更换气嘴油嘴容易造成人身伤害。控制措施：应严格执行更换油嘴的操作规程；对含硫化氢的井，操作人员应戴好防毒面具或站在上风口处进行作业；更换完油嘴上好堵头后，要进行试压，做到不渗漏。

4.4.3.2 水套炉

（1）更换压力表容易造成人身伤害事故。控制措施：要定期校验压力表，严格遵守操作规程；更换压力表后，要进行试压，做到不渗不漏；仔细检查安装的压力表丝扣好坏和表接头扣型是否对应；缓慢操作，确认无压力后方可安全操作。

（2）水套炉爆炸，容易造成人身伤亡和设备事故。控制措施：加强巡回检查，严格执行水套炉操作规程；控制好炉火，使水套炉内的压力控制在限压值内，防止水套炉在超压状态下工作；保证水套炉上的安全附件齐全完好，水套炉和安全阀及压力表要定期检验；水套炉爆炸后，及时启动应急预案，并及时采取关井和关集气站的单井进站闸门。

（3）供气管线放空闸门处容易造成人身烧伤事故。控制措施：严禁用轻质油或汽油燃烧法解堵；放空时应看好风向，防止火烧伤人的事故发生；含硫化氢的天然气放空时，人员应戴好防毒面具或站在上风口处进行作业。

4.4.3.3 干线

（1）管线穿孔造成气体（含硫化氢）泄漏，容易造成人身中毒事故。控制措施：认真执行巡回检查制度，发现管道有穿孔迹象，迅速报告上级机关并整改；及时采取关井和关集气站的单井进站闸门，补孔时工作人员要佩戴防毒面具；制订防火措施，点燃含硫化氢的天然气，防止有毒气体对下风口处的生命造成危害。

（2）管线爆裂，容易造成人身中毒事故。控制措施：认真执行巡回检查制度，发现管道爆裂现象，迅速报告上级机关并整改；紧急启动应急预案，及时采取关井和关集气站的单井进站闸门，防止事态扩大化；制订防火措施，点燃含硫化氢的天然气，防止有毒气体对下风口处的生命造成危害。

4.4.4 天然气集输系统的主要危险及控制

从天然气集输系统的安全特点来看，主要事故有天然气泄漏事故、凝管事故、火灾爆炸事故、电气事故、设备事故等。下面就从主要环节对天然气集输系统的主要危险进行论述。

4.4.4.1 站外管线泄漏、爆裂控制措施

（1）加强阴极保护，确保防腐机正常运行。

（2）坚持巡线，发现打孔偷气现象及时上报处理。

（3）加强对沿线居民和用气户的宣传教育，将《天然气管道保护条例》下发到用户和居民手中。

（4）配备正压式呼吸器和防火服。

（5）对裸露在外的大管线采取保护措施。

（6）定期对防腐相关数据进行分析，及时了解防腐层情况，做到有备无患。

4.4.4.2　站内管线泄漏、着火控制措施

（1）加强站内管线、设备（阀门）的维护保养。

（2）严格执行巡回检查制度。

（3）配气操作严格执行《输气工操作规程》。

（4）加强员工责任心教育，提高员工素质。

（5）配备正压式呼吸器。

（6）完善并落实各项安全生产制度。

4.4.4.3　阀门泄漏、着火控制措施

（1）阀门要定期检查，及时维护。

（2）严格执行巡回检查制度。

（3）严格进货检验，不安装不合格产品。

4.4.4.4　容器泄漏、着火控制措施

（1）严格执行操作规程。

（2）加强巡回检查。

（3）定期校验容器及其附件。

（4）容器定期探伤。

4.4.4.5　天然气（含硫化氢、二氧化碳）泄漏控制措施

（1）定期对设备、设施、管线进行维护保养。

（2）配备正压式空气呼吸器和防火服。

（3）按时巡回检查。

（4）严格执行操作规程。

4.4.5　天然气净化主要危险有害物料识别及控制措施

4.4.5.1　净化厂主要危险有害物料

净化厂主要危险有害物料包括天然气［主要成分是甲烷（CH_4）、硫化氢（H_2S）、二氧化碳（CO_2）、有机硫（COS）、二氧化硫（SO_2）、硫磺及硫磺粉尘（S）、硫化亚铁（FeS）、甲基二乙醇胺（MDEA）、三甘醇（TEG）］等。净化装置各部位危险因素分布见表4-17。

表 4 – 17 净化装置各部位危险因素分布

装置名称	危险部位	危险物料	危险特征
脱硫装置	塔区	天然气、MDEA、H_2S	中毒、爆炸、火灾、坠落、腐蚀
	换热区	天然气、MDEA、H_2S	中毒、火灾、爆炸、高温
	空冷器	天然气、MDEA、H_2S	中毒、爆炸、火灾、坠落
	泵区	MDEA、H_2S	中毒、火灾、爆炸、噪声、机械伤害
脱水装置	塔区	天然气、TEG	火灾、爆炸、坠落
	换热区	天然气、TEG	火灾、爆炸、高温
	泵区	TEG	火灾、爆炸、噪声、机械伤害
硫磺回收	燃烧炉	H_2S、SO_2	火灾、爆炸、噪声、中毒、高温
	转换器	H_2S、SO_2、液硫	中毒、火灾、高温、爆炸
	换热区	液硫、H_2S	中毒、火灾、高温、爆炸
	泵区	液硫、H_2S	中毒、火灾、噪声、机械伤害
	液硫池	H_2S、硫磺	中毒、火灾、高温、跌落、粉尘
尾气处理	燃烧炉	H_2S、SO_2	高温、噪声、火灾、中毒
	加氢还原区	CO、H_2S、SO_2、H_2	中毒、高温、火灾、爆炸
	焚烧区	CO_2、H_2S、SO_2、COS	中毒、高温、噪声、高温、火灾、爆炸
	塔区	MDEA、H_2S	中毒、腐蚀、火灾、爆炸、坠落
	泵区	MDEA、H_2S	中毒、腐蚀、机械伤害、噪声、火灾、爆炸
酸性水汽提	塔区	H_2S	中毒、坠落、火灾、爆炸
	泵区	H_2S	中毒、机械伤害、噪声、火灾、爆炸
	换热器	H_2S	中毒、高温、火灾、爆炸

4.4.5.2 控制措施

（1）参加检维修人员已接受安全教育，掌握工作环境存在危险物料的危害特性、防护办法和个人逃生技能。

（2）个人安全防护设施已配备到位。

（3）特种作业严格遵守《直接作业环节安全监督管理规定》。

（4）委托应急救援中心在施工区与生产区之间设立监测点，监测空气中有毒、有害气体含量。

（5）委托应急救援中心在净化厂建立现场医疗急救站，做好检维修人员的救护应急工作。

（6）严禁将检维修过程产生的危险物料随意排放，用收集桶收集后集中处理。

（7）当发生人员中毒事件时，要将中毒人迅速转移至安全处，保持呼吸道通畅。如呼吸困难立刻输氧，就医，呼吸停止，立即进行人工呼吸。

4.4.5.3 装置检修过程风险及控制措施（表 4 – 18）

表4-18 检修过程风险与控制

序号	工作内容	危险、潜在事件	风险度	控制措施
1	涉硫作业	硫化氢泄露 人员中毒 硫化亚铁自燃 着火人员受伤 环境污染	高	1. 编制《装置停工技术方案》《装置退硫液(退硫)技术方案》《装置化学清洗技术方案》《装置蒸塔技术方案》《装置隔离方案》等方案,并审查通过得到有效实施 2. 如发生紧急事件执行《高含硫化氢天然气泄漏应急预案》《火灾爆炸应急预案》 3. 对施工单位进行安全资质审查,并组织开展安全教育 4. 施工区域设置应急保障值班点,有毒气体监测点,医疗救护站 5. 检维修人员安全防护用品配备到位(根据需要配备空气呼吸器,便携式硫化氢检测仪,按人数配备鼻夹式逃生呼吸器),消防设施处于备用状态 6. 现场施工序进行工艺条件特别是盲板加装确认,相关负责人签订确认表(确认表加装和拆除,密封试漏后再引介质投入质使用详见检修管理手册第四册,确认表名称) 7. 加强现场安全检查,及时制止和纠正各种违章行为 8. 在燃料气管线施工前,对连接炉子燃烧器的阀门关闭,采用盲板隔离,管线拆除 9. 装置改造完成后要先进行管线清洗,试压,密封试漏后集中处置 10. 检修区域配置废液收收桶,固废收收点,进行集中处置 11. 对拆除的旧设备,填料等要集中堆放,设立警示标志 12. 关闭装置雨水排放阀,施工区或用沙子围堰,吸污车待命

续表

序号	工作内容	危险、潜在事件	风险度	控制措施
2	进入受限空间作业	人员窒息中毒	高	1. 严格按照《进入受限空间作业安全管理规定》采取各项措施，办理作业手续 2. 受限空间作业要有专项方案，作业现场设置进入受限空间作业信息牌 3. 采取有效隔离措施，现场有专人确认流程，合格后方可入内 4. 对容器内气体采样分析，合格后专人监护" 5. 进入受限空间必须使用安全电压和安全照明设备 6. 作业停工期间，在受限空间入口处设置"危险！严禁入内"警告牌或其他封闭措施
3	1. 动火作业 2. 临时用电作业	着火 触电 人员受伤 设备损坏	高	1. 现场动火严格按照《用火作业安全管理规定》采取各项措施，办理相关作业手续 2. 现场用电严格按照《临时用电安全管理规定》采取各项措施，办理相关作业手续 3. 现场有专人监护，有施工方案，高处动火防护措施到位 4. 清除作业区域周边易燃物，设立隔离带，准备好消防器材 5. 用火部位存在有毒有害介质的，对其浓度做检测分析，分析合格后方可作业 6. 在同一动火区域严禁同时进行可燃溶剂清洗和喷漆等施工 7. 严格执行临时用电一机一闸一保护 8. 电器开关要有防水保护 9. 现场设置安全警示标识 10. 电器专业人员每天定期检查，填写检查记录表

113

序号	工作内容	危险、潜在事件	风险度	控制措施
4	高处作业	人员高空坠落、高空坠物、人员伤亡	高	1. 六级以上大风、大雾、大雪、大雨停止高空作业 2. 脚手架搭设严格规范，并挂牌管理 3. 高空作业必须规范正确系挂安全带 4. 系安全带前应进行检查，应将安全带固定在安全的地方 5. 确保作业周边防护栏杆安全可靠 6. 高处作业人员出具健康证明，凡患高血压、心脏病、贫血病、癫痫病、精神病以及其他不适合高处作业的人员，不得从事高处作业 7. 高空不得抛物，物品放置牢固，进入施工区域所有人员必须戴安全帽，高空作业小件应挂保险绳
5	吊装作业	人员伤亡、设备损坏	高	1. 现场吊装严格按照《起重作业安全管理规定》采取各项措施，办理相关作业手续。吊装作业人员持证上岗 2. 选择合适的钢丝绳，专人指挥 3. 先试吊，平稳后再进行吊装 4. 现场设置警戒线，重特大装置吊装要有吊装方案，并指派派专人监护
6	射线作业	人员伤害	中	1. 严格按照《射线作业安全管理规定》采取各项措施，办理作业手续 2. 射线作业尽量避开正常工作时间或夜间等人员较少的时间进行 3. 射线作业设置警戒线，设置明显警示标志 4. 射源处于工作状态时，作业监护人员严禁离开作业现场

续表

序号	工作内容	危险、潜在事件	风险度	控制措施
7	夜间作业	人员伤害 设备损坏	中	1. 严禁夜间高处作业、进入受限空间作业、交叉作业 2. 尽量避免夜间作业，无法避免时，施工单位制定专项 HSE 管理措施，保证夜间照明到位，夜间施工安全监护到位，安全条件确认到位，施工区域采取隔离措施
8	交叉作业	人员伤亡 触电 高空坠物 设备损坏	中	1. 交叉作业施工各方要严格按照《交叉作业安全管理规定》采取各项措施 2. 双方应根据该施工区域面的具体情况共同讨制定安全措施，明确各自的职责 3. 在施工作业前对施工区域采取全封闭，隔离措施，设置安全警示标识，警戒线或派专人警戒指挥，防止高空落物，施工用具、用电危及下方人员和设备的安全 4. 高空不得抛物，物品放置牢固，进入施工区域所有人员必须戴安全帽，高空作业小件应拴保险绳 5. 在同一作业区域内进行起重吊装作业时，应充分考虑对各方工作的安全影响，制定起重吊装方案和安全措施，指派专业人员负责统一指挥，检查现场安全措施符合要求后，方可进行起重吊装作业 6. 在同一作业区域内进行焊接（动火）作业时，施工单位必须事先通知对方做好防护，并配备合格的消防灭火器材，消除现场易燃易爆物品 7. 同一区域内的施工用电，应各自安装用电线路，施工用电必须做好接地（零）和漏电保护措施，防止触电事故的发生

115

思考题

1. 危险有害因素产生的原因是什么?

2. GB/T 13861—2009《生产过程和有害因素分类代码》对危险、有害因素是如何分类的?

3. 危害识别的依据是什么?

4. 危害识别的三种时态与三种状态分别是什么?

5. 如何选择风险控制措施?

6. 结合本岗位进行危害识别并提出风险控制措施?

第5章

高含硫气田消防与气防管理

5.1　消防基础知识

火灾是世界各国人民所面临的一个共同的灾难性问题。它给人类社会造成过不少生命、财产的严重损失。随着社会生产力的发展，社会财富日益增加，火灾损失上升及火灾危害范围扩大的总趋势成为客观规律。据联合国"世界火灾统计中心"提供的资料介绍，发生火灾的损失，美国不到 7 年翻一番，日本平均 16 年翻一番，中国平均 12 年翻一番。石油石化企业内有大量的易燃易爆、有毒、易腐蚀性物质，生产过程中有高温、高压、生产操作连续化、化学反应复杂化、电源、火源都易引起火灾爆炸事故，而且容易蔓延扩大造成严重后果，给国家和人民群众的生命财产造成了巨大的损失。

5.1.1　消防安全管理涵义

5.1.1.1　消防管理的涵义

指依照国家法律法规，遵循火灾发生发展的规律，运用管理科学的原理和方法，通过各种管理职能，合理有效地利用各种管理资源，为实现消防管理安全目标所进行的各种活动的总和。

消防管理：国家消防行政管理，单位消防安全管理。

5.1.1.2　企业单位的消防安全法定职责

《消防法》第 16 条作如下规定。

（1）落实消防安全责任制，制定本单位的消防安全制度、消防安全操作规程，制定灭火和应急疏散预案。

117

（2）按照国家标准、行业标准配置消防设施、器材，设置消防安全标志，并定期组织检验、维修，确保完好有效。

（3）对建筑消防设施每年至少进行一次全面检测，确保完好有效，检测记录应当完整准确，存档备查。

（4）保障疏散通道、安全出口、消防车通道畅通，保证防火防烟分区、防火间距符合消防技术标准。

（5）组织防火检查，及时消除火灾隐患。

（6）组织进行有针对性的消防演练。

（7）法律、法规规定的其他消防安全职责。

（8）单位的主要负责人是本单位的消防安全责任人。

5.1.1.3 消防安全制度应涵盖的主要内容（13方面）

（1）消防安全教育、培训。

（2）防火巡查、检查。

（3）安全疏散设施管理。

（4）消防（控制室）值班。

（5）消防设施、器材维护管理。

（6）火灾隐患整改。

（7）用火、用电安全管理。

（8）易燃易爆危险物品和场所防火防爆。

（9）专职和义务消防队的组织管理。

（10）灭火应急疏散预案制订和演练。

（11）燃气和电气设备的检查和管理。

（12）消防安全工作考评和奖惩。

（13）其他必要的消防安全内容。

5.1.2 我国的消防方针

《中华人民共和国消防法》（2008年修订）第二条规定："消防工作贯彻预防为主、防消结合的方针，按照政府统一领导、部门依法监管、单位全面负责、公民积极参与的原则、实行消防安全责任制、建立健全社会化的消防工作网络"。我国的消防方针：预防为主，防消结合。

"防"即事先防备。元李翀的《日闻录》提到"日月昏晕，星宿动摇，灯火焰明作声，皆有大风之兆，当预防不测"。"消"即消灭。除掉敌对的或有害的人或事物。消防中主要是指事故发生后，使事故消除，包括对于突发事故的应对。

5.1.3　火灾的发展过程

初起期：火灾从无到有，可燃物热解。

发展期：火势由小到大，满足时间平方规律，即火灾热释放速率随时间的平方非线性发展，是轰燃的发生阶段。

最盛期：火势大小由建筑物的通风情况决定。

熄灭期：火灾由最盛期开始消减直至熄灭。

在火灾初起期只要工具合理，方法得当，尽可能的就地取材，全力扑救，有80%以上的成功机率。

再先进的灭火器材也只能灭 3min 以内的火灾，也就是初起火灾，任何火灾烧过 3min 就只有逃生。

3~10min，这就是我们的逃生时间，也就是说我们逃生的时间就只有 7min。

5.1.4　火灾分类

根据（火灾分类）（GB/T 4968—2008）按可燃物质类型和燃烧特性划分火灾类别。

A 类火灾：指固体物质火灾。这种物质往往具有有机物性质，一般在燃烧时能产生灼热的余烬。

B 类火灾：指液体火灾或可熔化的固体物质火灾。如汽油、煤油、原油、甲醇、乙醇、沥青等。

C 类火灾：指气体火灾。如煤气、天然气、乙烷、甲烷、氢气等。

D 类火灾：指金属火灾。如钾、铝等。

E 类火灾：物质带电燃烧的火灾。

F 类火灾：烹饪器具内的烹饪物质火灾。

5.1.5 燃烧的有关概念

5.1.5.1 燃烧的定义

可燃物与氧化剂作用发生的放热反应，并伴有火焰、发光（烟）的现象就是燃烧。

燃烧一般是化学变化，如 $2H_2 + O_2 = 2H_2O$；$C + O_2 = CO_2$ 等。

时间和空间上不可控的燃烧就是火灾。

5.1.5.2 燃烧的条件

（1）燃烧的三要素：可燃物、助燃物、着火源。

（2）并且都要有足够的量，并相互作用。

① 可燃物要有一定的量；

② 助燃物浓度不能太低；

③ 点火源必须有一定的能量和温度。

5.1.5.3 燃烧的类型

（1）闪燃；（2）着火；（3）阴燃；（4）自燃；（5）爆炸。

5.1.5.4 灭火的基本原理

（1）隔离；（2）窒息；（3）冷却；（4）化学抑制。

5.1.6 灭火器的配备使用与维护

灭火器是一种可由人力移动的轻便灭火器具，它能在其内部压力作用下，将所充装的灭火剂喷出，用来扑救火灾。灭火器的种类繁多，其适用范围也有所不同，只有正确选择灭火器的类型，才能有效地扑救不同种类的火灾，达到预期的效果。我国现行的国家标准将灭火器分为手提式灭火器和车推式灭火器。下面就人们经常见到和接触到的手提式灭火器进行分类。

5.1.6.1　手提式灭火器的分类

（1）干粉类的灭火器。充装的灭火剂主要有两种，即碳酸氢钠和磷酸铵盐灭火剂。

（2）二氧化碳灭火器。

（3）泡沫型灭火器。

（4）水型灭火器。

5.1.6.2　灭火器的标记示例

MFZL－4

－4——充装干粉公称重量（4kg）；

L——干粉灭火剂特征代号（L 表示磷酸铵盐干粉灭火剂）；

Z——贮压式；

F——干粉灭火剂；

M——灭火器。

5.1.6.3　灭火器的使用方法

这几种常见灭火器的使用方法基本相同，这里只作简要介绍，具体操作应遵照灭火器粘贴的说明书进行。

干粉灭火器的使用方法。

（1）在距燃烧处 5m 左右，放下灭火器。如在室外，应选择在上风方向。

（2）操作者应先将开启把上的保险销拔下，然后一只手握住喷射软管前端喷嘴根部。

（3）另一只手将开启压把压下，并打开灭火器进行喷射灭火。

（4）当干粉喷出后，迅速对准火焰的根部扫射。

（5）应始终压下压把，不能放开，否则会中断喷射。

（6）如果可燃液体在容器内燃烧，使用者应对准火焰根部左右晃动扫射，使喷射出的干粉覆盖整个容器表面。应注意不能将喷嘴直接对准液面喷射，防止喷流的冲击力使可燃液体溅出而扩大火势，造成灭火困难。

5.1.6.4　灭火器维护须知

（1）对于常用灭火器，不能乱动乱拆，否则会造成灭火器失去密封或影响其结构强度。

（2）对常用灭火器要经常留心检查。例如，有的灭火器上配有压力表，其指针指向的区域可能在绿色区域或红色区域。如果指针指在红色区域时，表明其使用的驱动压力已不足，应需更换；有的灭火器外层防腐漆层可能已剥落，且裸露铁壳已严重锈蚀时，表明该灭火器的强度已不够，使用时可能会发生危险；有的灭火器的保险销已弯曲变形，使用时拔掉很困难，这样在扑救初起火灾时可能会丧失灭火的有利时机；还有的灭火器周围可能有油污、酸碱液体等，这些都有可能损坏灭火器的外壳，影响其使用寿命。对于以上情况，如有发现，应立即告之有关人员，以保证火灾发生时，使灭火器充分发挥其功效。

5.1.6.5　灭火器的设置要求

（1）灭火器应设置在明显的地方，不得被遮挡影响使用。所谓明显地方是指正常的通道，包括房间的出入口处、走廊、门厅及楼梯等地方，这些位置还要能容易地被沿着安全路线撤退的人看到。

（2）灭火器应设置在便于取用的地方。灭火器附近不得堆放物品，以免影响灭火器的取用，其固定件或箱体均不得造成取用灭火器的困难。

（3）灭火器的位置不得影响安全疏散。如停放推车式灭火器的位置，不得占用或阻塞疏散通道，不得影响人员的安全疏散。墙式灭火器的箱门打开时，不得影响人员安全疏散。

（4）灭火器在某些场所设置时应有指示标志。如在大型房间内或因视线障碍等原因不能直接看见灭火器的场所设置灭火器时，应设有指示标志。

5.1.6.6　灭火器的设置

（1）一般规定：本条对灭火器的设置位置主要作了以下两个方面的规定。

一是要求灭火器的设置位置明显、醒目。这是为了在发生火灾时，能让人们一目了然地知道何处可取灭火器，减少因寻找灭火器所花费的时间，从而能及时有效地将火扑灭在初起阶段。通常在建筑场所（室）内的合适部位设置灭火器是及时、就近取得灭火器的可靠保证之一。另外，沿着经常有人路过的建筑场所的通道、楼梯间、电梯间和出入口处设置灭火器，也是及时、就近取得灭火器的可靠保证之一。当然，上述部位的灭火器的设置位置和设置方式均不得影响行人走路，更不能影响在火灾紧急情况时的安全疏散。

二是要求灭火器的设置位置能够便于取用。即当发现火情后，要求人们在没有任何障碍的情况下，就能够跑到灭火器设置点处方便地取得灭火器并进行灭火。这是因为扑灭初起火灾是有一定的时间限度的，而能否及时地取到灭火器，在某种程度上决定了用灭火器灭火的成败。如果取用不便，那么即使灭火器设置点离着火点再近，也有可能因时间的拖延致使火势蔓延而造成大火，从而使灭火器失去扑救初起火灾的最佳时机。因此，便于取用灭火器是值得我们重视的一项要求。

（2）对于那些必须设置灭火器而又难以做到明显易见的特殊场所。例如，在有隔墙或屏风的亦即存在视线障碍的大型房间内，设置醒目的指示标志来指出灭火器的设置位置，可使人们能明确方向并及时地取到灭火器。美国标准也规定："在大型房间内或因视线障碍而不能直接看见灭火器的场所，须设置指明灭火器设置位置的标记"。

在大型房间和不能完全避免视线障碍的场所，指示灭火器所在位置的标志不仅应当醒目，而且应能在火灾紧急断电（即在黑暗时）情况下发光。同理，灭火器箱的箱体正面和灭火器筒体的铭牌上也有粘贴发光标志的必要。目前，《灭火器箱》产品行业标准拟在修订时增加此项规定，建议国家产品标准《手提式灭火器》也能考虑在修订时补充此项规定。

发光标志应选用经国家检测中心定型检验合格的产品，其所采用的发光材料应无毒、无放射性，亮度等性能指标均须达到国家标准要求。

（3）建筑灭火器的设置方式主要有墙式灭火器箱、落地式灭火器箱、挂钩、托架或直接放置在洁净、干燥的地面上等几种。本规范不提倡将灭火器直接放置在地面上，推荐将灭火器放置在灭火器箱内。其中，设置在墙式灭火器箱内和挂钩、托架上的灭火器的位置是相对固定的；而设置在落地式灭火器箱内和直接放置在地面上的灭火器则亦需设计定位。既要保证灭火器的设置位置能达到本规范关于保护距离的规定，又便于人们在紧急状况下能快速地到熟知的灭火器设置点取得灭火器。

5.2　普光气田消防设施简介

采气厂集输站场设有井口火灾探测器、火灾自动检测报警装置及应急广播系统。普光主体各集气站根据山区应急抢险需要，建成了应急消防喷淋系统。

集气站灭火器配置高于现行的有关标准，同时，增加配备了1台移动式干粉炮，射程32m。

净化厂建立了稳高压消防给水系统和蒸汽灭火系统，系统覆盖全厂所有区域。生产装置区设有完善的消火栓系统、消防竖管系统、火灾报警系统、应急广播系统等，同时配备了固定式消防水炮及自动寻的炮等先进装置，能有效处置各种火灾事故。中控室设有火灾报警系统外，还设有机械防排烟系统、应急照明系统等，应急疏散能力、火灾扑救能力显著提高。

中石化达州基地设有自动喷水灭火系统、机械防排烟系统、应急广播系统，通信机房及档案室配置了七氟丙烷自动灭火系统，能自动扑灭初起火灾。

应急救援中心配置消防坦克、涡喷、高喷、充气、救护等国内一流抢险车辆62台，分别如图5-1~图5-6所示，各类抢险器材217种5775台/套。能有效处置消、气防安全事故。

图5-1　稳高压消防给水系统

图 5 - 2　消火栓及固定式消防水炮

图 5 - 3　消防坦克

图 5 - 4　高喷消防车

图 5-5　快速充气车

图 5-6　涡喷车

5.3　气防基本常识

高酸气田的天然气开采和净化过程中，存在着大量的有毒有害物质，比如硫化氢、二氧化碳、氯气、苯等。稍不注意，就会发生中毒甚至死亡事故。为了正确选择和使用防护器材，并懂得常用器材的维护保养，预防发生意外中毒事件并最大限度地缩小意外事故造成的损失，必须了解一些气体防护的基本知识。

5.3.1　气防的概念

气防是指对有毒有害气体的防护。

气防设施主要有空气呼吸器、氧气呼吸器、长管呼吸器、防毒面具、滤毒罐、重型防护服等。当然，充气瓶的氧气充填泵、空气充填泵也属于气防设施。

化学安全防护眼镜、防静电工作服、橡胶手套等属于劳保范畴，不属于气防设施。

一般化工厂都有气防站，配气防员，专职维护防护器材，进行防毒知识培训和紧急救护工作。

5.3.2　普光分公司气防概况

目前，普光分公司应急救援中心建有气防站，配备有气防车等必要的器材、设备、设施，负责对有毒作业场所的职工进行作业监护；对器材的正确使用、现场自救、急救进行培训；监督各种防护急性中毒的设施、器材、药品的使用情况；对设施器材进行现场维护保养、定期检查，发现问题及时解决。

气防设施和救护设备一般是指空气呼吸器、滤毒罐、长导管、苏生器等，目前普光气田生产岗位一般配备空气呼吸器、滤毒罐等，必须在工作中经常性训练才能逐步熟练掌握其使用维护方法。由于普光分公司持证上岗制度要求全员必须经"硫化氢防护证"取证培训，有关知识已经详细介绍，在此不再赘述。

5.3.3　发生中毒事故如何报警和急救

（1）拨打 120 电话，说明中毒人数、中毒物质、中毒情况、中毒地点、派人接应。

（2）救人前必须佩戴空气呼吸器并且保证：①使用前检查各部件是否完好无损；②使用前检查空气瓶压力，不得低于 26MPa，无漏气，当压力降至 5MPa 时，应立即撤离现场并更换空气瓶；③禁止在毒区摘下面罩和其他人讲话。

（3）发现中毒人员应首先救离现场，去除污染。

① 吸入有毒气体，应将中毒者移到空气新鲜流通的地方，头侧偏、松领口、

松腰带。

② 皮肤中毒或化学灼伤应迅速换去被污染的衣裤，用水冲洗或用布、纸、棉花等除去污物。

③ 毒物进入眼睛用水冲洗。

④ 口服中毒。采取催吐、洗胃、导泻等方法。

⑤ 有生命危险时，应立即就地抢救。转送时继续坚持人工呼吸及心脏按压。

5.3.4 普光分公司员工应急要点

（1）在发生有毒有害气体泄漏或发生人员意外中毒时，员工必须听从指挥员的统一指挥，防止混乱扩大事故。

（2）在事故情况下，员工必须佩戴好自己的防护器材，方可进行事故的处理和急救。如果是有毒有害气体，则首先要选择合适的防护用具；如果是酸或碱泄漏，要穿戴防护衣、手套和胶靴；进入高浓度氨气、硫化氢等有腐蚀性介质的毒区执行任务时，必须穿戴好专用的防护服装用品。在抢救工作中，救护人员必须时刻注意自己防护器材的情况，若感到身体不舒服或呼吸困难时，应立即撤离。

（3）进入毒区执行任务时，必须要二人结伴，互相照应，不许单独进入。

（4）如果泄漏源未切断，应在设法抢救患者的同时，采取停止进料、停产、关闭泄漏点上下游阀门、转移毒物设备、堵塞漏气设备等措施。对已经逸散在环境中的毒物应尽快采取抽毒、强风吹散、中和处理、回收等办法消除。

（5）在抢救骨折中毒者时，应特别小心加以保护，以免造成不良后果。由高空向下转移伤患者时，必须用救生带扎好，严防碰撞、摔伤。若不能迅速将伤患者移出有毒有害气体泄漏区，必须给其戴上相应的防毒面具。

（6）将中毒者移出有毒有害气体泄漏区后，应放在空气新鲜、温度适宜的地方，立即解开妨碍呼吸和血液流通的衣物，如衣物被毒物污染，须脱去衣物，用大量流动清水冲洗皮肤，如眼睛接触，要立即提起眼睑，再用流动清水或生理盐水冲洗。并立即拨打"120"医院急救电话，尽快送往医院进行急救。气温较低时要注意给中毒者保暖，对呼吸困难者要立即进行人工呼吸，如备有急救药品的要立即给予解毒治疗。

（7）对呼吸微弱或面色铁青的缺氧患者，应迅速给予自然输氧。医护人员到达现场时，救护人员须将患者情况向医生交代清楚后，方可离开救护现场。

（8）员工禁止在有毒有害气体泄漏区内摘下面罩讲话或进行其他活动。凡进入有毒有害气体泄漏区参加抢救的人员，必须分工明确责任到人，统一指挥，有条不紊。

思考题

1. 我国的消防方针是什么？
2. 火灾分哪几类？
3. 干粉灭火器操作注意事项有哪些？
4. 发生中毒事故如何报警和急救？

第6章

高含硫气田应急管理

对高含硫化氢和二氧化碳气田的开发生产来讲，安全环保管理就是要立足于不发生任何意外，切实做到万无一失。古人讲"先其未然谓之防，发而止之谓之救，行而责之谓之戒。防为上，救次之，戒为下"。全力防止突发性事故的发生固然是头等大事，但是万一出现了险情，也不能束手无策。当前，社会方方面面正在致力于应急救援机制建设，以及应急预案编制的工作，而作为高含硫化氢和二氧化碳的高风险气田开发行业，更应责无旁贷。全力建设好应急救援机制，切实抓好应急体系管理，是高含硫化氢和二氧化碳气田开发企业的第一要务。

6.1　应急体系建设总体概述

应该承认，我国社会开展应急体系研究工作起步较晚，而全面开展应急体系建设和应急预案编制工作的时间更短，目前还处在起步阶段，但工作进展突飞猛进，相信今后的建设力度会越来越大。

6.1.1　国家应急建设基本原则

6.1.1.1　总体建设原则

"统一领导、分级负责、反应及时、措施果断、依靠科学、加强合作"。

6.1.1.2　分层管理原则

按照不同的责任主体，国家预案体系分为国家总体应急预案、专项应急预案、部门应急预案、地方应急预案和企事业单位应急预案5个层次。

6.1.1.3　分类建设原则

根据突发公共事件的发生过程、性质和机理，应急预案将突发公共事件分为自然灾害、事故灾难、公共卫生事件、社会安全事件 4 类。

6.1.1.4　分级响应原则

按照各类突发公共事件的严重程度、可控性和影响范围等因素分为 4 级，即特别重大（Ⅰ）、重大（Ⅱ）、较大（Ⅲ）和一般（Ⅳ）。

6.1.2　应急建设指导思想

国家应急体系建设指导思想是以人为本，减少危害；居安思危，预防为主；统一领导，分级负责；依法规范，加强管理；快速反应，协同应对；依靠科技，提高素质。

6.1.3　主要应急预案

根据应急建设指导思想，国家下发了《国务院有关部门和单位制定和修订突发公共事件应急预案框架指南》文件，提出了 8 项 40 条要求，对组织指挥体系、预警和预防机制、应急响应分级程序、后期处置、保障措施、演习与培训等进行了系统性的规范。国家安全生产监督管理总局颁发的 AQ/T 9002—2006《生产经营单位安全生产事故应急预案编制导则》更加具体地规定了应急预案的编制程序、体系构成和主要内容，以及如何应急处置等，从而大大增强了应急预案编制工作的可操作性。

6.1.4　石油石化企业应急建设概述

石油石化企业因其所特有的"高温高压、易燃易爆、有毒有害、链长面广、连续作业"特点，无疑属于高危行业，对应急体系建设工作和预案编制的重要性，自然有更加深刻的认识，工作的开展力度也走在了全国的前列。

到目前为止，国家安全生产监督管理总局正式发布的应急预案中，有三项预案属于油气勘探开发突发事件单项预案，分别为《陆上石油天然气开采事故灾难应急预案》、《陆上石油天然气储运事故灾难应急预案》和《海洋石油天然气作业事故灾难应急预案》。随着今后工作的深入开展，更多的单项预案将陆续发布执行。

6.2 高含硫气田应急管理

高含硫化氢和二氧化碳气田开发所特有的安全环保风险，使得应急体系建设和管理工作更加急迫。在高含硫化氢和二氧化碳气田应急体制的建设上，应该牢牢抓住高含硫化氢和二氧化碳气田钻井、开发、集输、脱硫净化和储运等各个生产阶段的关键因素，从各个生产组织层面入手，分级编制应急预案，全面建设企业和地方政府、群众联动的应急救援体系，扎扎实实地开展工作，将应急体系建设和预案编制工作落实到位，切实做到万无一失。

6.2.1 应急管理基本原则与内容

6.2.1.1 应急管理基本原则

高含硫化氢和二氧化碳气田应急体系建设原则必须体现全盘考虑、整体筹划、突出特点、切合实际的基本思想。

6.2.1.2 影响应急管理的因素

（1）地域特点。要结合地域的地表特点、人口密集程度、道路状况和社会支持能力等现实条件。

（2）生产特点。要从气田生产系统工程一体化的特点出发，从采气、集输、处理净化到长输系统地考虑应急体系的建设。

（3）工程工艺特点。不仅要考虑钻井施工、试气（井下作业）施工过程中的井喷失控风险，还要注重采气、集气和净化生产中的腐蚀泄漏风险，火灾爆炸风险以及同时伴生的大气污染、水体污染和土壤污染等生态破坏风险。

6.2.1.3 高含硫化氢和二氧化碳区域应急管理重点

（1）应急资源配置。应急资源配置应依据"分散设置，划区设防，统一指挥，就近救援"的原则。一个油气开发区域，往往具有一定的面积，小者数十平方千米，大者数百平方千米。将全部应急资源集中配置到任何一个地方，无论如何都不可能在数分钟内赶到所有现场，因此便会错过抢险的最佳时间。特别是在山谷纵横、水网密布地区从事硫化氢和二氧化碳气田开发。故在应急资源配置上，应充分考虑开发区块和重要装置的分布情况，统筹考虑布站。通常，脱硫净化厂和主力开发区块均应考虑布置集气防、消防、防护和医疗救援于一体的中心站，或称应急救援中心；其他区域可考虑设置以气防、消防为主的一般站，或称应急救援分站；也可根据区域特点设置一种单独功能的救援站。各救援站应相应配备训练有素的专职抢险人员。

（2）专用应急设备配置。根据应急建设总体原则和应急队伍设站分布特点，统筹考虑各类抢险救援必须的设备和器具，并按照各区域应急救援站的功能配备。主要包括如下设备和器具。

① 气体防护类：如气防救援车，正压式空气呼吸器、备用空气气瓶、空气充压机组等呼吸设备，以及 CO、H_2S、SO_2 和可燃气体检测仪。重点区域应急加强站可考虑配置数个紧急庇护所，以供长周期的应急抢险之用。

② 井口抢险类：主要包括用于井喷抢险的超高压水力喷沙切割装置，远程液控带压密封带压钻孔装置以及井口防爆工具等。

③ 消防灭火类：如大功率的泡沫、干粉、清水或多功能的联程消防灭火车辆，以及大型消防水罐，撬装式固定水炮等。

④ 应急照明类：其中包括手持式防爆探照灯，移动式应急照明灯以及发电机组。

⑤ 医疗救护类：如医疗救护车，以及担架、心肺复苏设备、医疗呼吸机等各类现场紧急医疗设备。

⑥ 大型机械类：如移动式机加工车间，履带式推土机，多功能挖掘机以及集装箱、泥浆罐、清水罐等应急保障设施和运输车辆。

⑦ 辅助抢险类：如用于防洪抢险的冲锋舟、救生衣（圈），用于防水排涝的水泵机组以及用于水体防护的水体净化的各类药剂等。

⑧ 指挥保障类：如现场应急指挥车，用于抢险人员居住的移动式野营房以及车载对讲机、手持式防爆防噪对讲机等现场通信设备。

（3）"三级应急联防"体系建设。在硫化氢和二氧化碳开发区域内的各种应急力量，无论是专职应急队伍，还是义务应急力量，甚至是各类施工队伍和人员，均属于同一个应急体系。在这个体系内，应确定如下"三级应急联防"的基本原则。

① 场站应急自救。各油气集输场站、单井井场应严格按标准配备消防气防器具，逐站（井）制订应急预案，切实开展应急演练，提高应急自救能力，确保站（井）具有正确应对初期事件的能力，至少应具备控制事件恶化的能力，不发生人员伤亡事故。

② 区块应急救援。区域内的各区块应急救援站，均属于应急救援指挥中心下属的应急救援分站，负担救援区块内一般突发事件应急救援责任。当所辖区域的场站突发险情时，应及时出动救援力量，迅速消除险情。

③ 区域联防应急救援。发生重特大突发性事件，区块应急救援站无力应对时，应急救援指挥中心负责调派、动员各应急救援中心站、应急救援分站和社会应急救援力量增援，确保不发生重大伤亡事故和环境破坏污染事件。

6.2.2 应急预案编制

6.2.2.1 应急预案编制基本原则

应急预案是应急体系建设的重要组成部分，编制应急预案，应该遵循"依照基本规定，密切结合实际，突出重点风险，兼顾所有要素"的基本原则，从这一基本原则出发，并参照应急预案编制导则。高含硫化氢和二氧化碳气田钻井、开发、集输和净化生产各个工序的各级预案应包括以下内容：应急组织机构及职责；作业点（或生产区）基本情况；主要环境风险及敏感目标；应急救援保障（内部保障和外部救援）；预案分级响应条件；报警、通信联络方式；事故发生后应采取的处理措施；人员紧急疏散；危险区的隔离；环境监测、抢险、救援及控制措施；受伤人员现场救护、救治与医院救治；现场保护；事故应急救援终止程序；培训与演练；公众教育和信息；预案更新。

6.2.2.2 高含硫化氢和二氧化碳气田应急预案特别要求

由于高含硫化氢和二氧化碳气田钻井、开发、集输和脱硫净化等各个生产过程中，都存在着一些特殊的安全环保风险，因此在编制应急预案时应遵循如下特殊要求。

（1）施工队伍"一井一案"原则：钻井施工与试气（井下作业）施工具有"打一枪换一个地方"的特点。虽然每次施工作业的目的性大致相同，但每口井的地层构造、气体组分、地理位置、周边环境等相差甚大，故施工作业的主要风险并不完全相同。因此，施工队伍应根据每口井的特殊性风险，制订出针对性较强的预案，做到"一井一案"。

（2）集输场站"逐站逐线"原则：所有集输场所和管道虽然都不外乎采气或输气的生产功能，而且介质也都是高含硫化氢和二氧化碳的天然气，但是，由于各站所采出的气体有毒有害介质浓度不同，各条管道所输气体的浓度也不同，故发生泄漏所造成的扩散范围自然不同，加之各站各线的地理环境相差甚大，因此也必须做到一个场站一套预案，一条管线一套预案。

（3）净化厂"一装置一案"原则：脱硫净化厂具有装置多、工艺繁的特点，而且各套装置的工作原理、工作方式也不尽相同。任何一个应急预案，都不可能有效应对所有装置出现的突发性事件，因此在脱硫净化应急预案的编制上，必须切实做到"一装置一案"。

（4）"区域应急一盘棋"原则：高含硫化氢和二氧化碳油气田应急预案的制定应立足于"区域应急一盘棋"的原则，统筹考虑整个油气开发生产、集输储运和脱硫净化等整个生产过程的各种安全风险和应急设施。特别是"下游预案"必须考虑"上游预案"应该如何进行高效应急联动；"上游预案"也要充分考虑与"下游预案"的衔接问题。各生产系统的应急处置指令控制台必须集中在一个控制中心，做到信息共享、有利交流和统筹下达应急指令。

6.2.2.3　高含硫化氢和二氧化碳气田应急预案主要内容

（1）四级关断。对于风险巨大的高含硫化氢和二氧化碳油气田生产而言，企业均按照"四级关断"原则配套有 ESD 自动应急关断系统，由低到高依次为单井关断（Ⅳ级）、井组平台关断（Ⅲ级）、整条湿气管道关断（Ⅱ级）、整个气田关断（Ⅰ级）。脱硫净化厂如果发生重大突发事件，也应按照预案，采取单列、多列或全厂应急关断等多种方案。在组织编制气田、湿气管道、集气平台、单井和净化厂应急预案时，应充分考虑相关的自动关断装置、有线应急广播系统和相应的系统配套工程应急关断系统，确保突发情况出现时，相应区域的各种应急设施有效联动。

（2）应急预案内容：高含硫化氢和二氧化碳气田钻井、开发、集输和净化生产各个工序的各级预案应包括以下内容：应急组织机构及职责；作业点（或生产区）基本情况；主要环境风险及敏感目标；应急救援保障（内部保障和外部救援）；预案分级响应条件；报警、通信联络方式；事故发生后应采取的处理措施；人员紧急疏散；危险区的隔离；环境监测、抢险、救援及控制措施；受伤人员现场救护、救治与医院救治；现场保护；事故应急救援终止程序；培训与演练；公众教育和信息；预案更新。

（3）善后处置的内容：污染物的处理，受影响人员的医护与安置，赔付偿款项协商等。

6.2.3　高含硫化氢和二氧化碳气田应急响应程序

6.2.3.1　钻井应急预案分级响应程序

《含硫化氢油气井安全钻井推荐作法》（SY/T 5087—2005）所推荐的一种钻井应急响应程序，目前广泛地运用于钻井施工作业中。该标准大量吸收了美国钻井应急管理的理念和普遍作法，特别是完全引用了 API 推荐的应急程序，因此，此应急程序可以说是国际上钻井应急管理的通行做法。具体程序如下。

（1）硫化氢浓度达到 $15mg/m^3$（10ppm）时，按如下程序启动应急程序。

① 立即安排专人观察风向、风速，以便确定受侵害的危险区。

② 切断危险区的不防爆电器的电源。

③ 安排专人佩戴正压式空气呼吸器到危险区检查泄漏点。

④ 非作业人员撤入安全区。

（2）硫化氢浓度达到 $30mg/m^3$（20ppm）时，按如下程序启动应急程序。

① 戴上正压式空气呼吸器。

② 向上级（第一责任人及授权人）报告。

③ 指派专人至少在主要下风口 100m、500m、1000m 处进行硫化氢监测。需要时监测点可适当加密。

④ 实施井控程序，控制硫化氢泄漏源。

⑤ 撤离现场的非应急人员。

⑥ 清点现场人员。

⑦ 切断作业现场可能的着火源。

⑧ 通知救援机构。

（3）发生井喷失控时，按下列程序立即执行。

① 由现场总负责人或其指定人员向当地政府报告，协助当地政府做好井口 500m 范围内居民的疏散工作，并根据监测结果，决定是否扩大疏散范围。

② 关停生产设施。

③ 设立警戒区，任何人未经许可不得入内。

④ 请求援助并立即点火。

（4）井喷失控且硫化氢浓度达 150mg/m³（100ppm）时现场作业人员应按预案立即撤离井场。现场总负责人应按应急预案的通讯表通知其他有关机构和相关人员（包括政府有关负责人）。由施工作业单位和油气生产经营单位按相关规定分别向其上级主管部门报告。

（5）重新控制井口后：在采取控制和消除措施后，继续监测危险区大气中的硫化氢及二氧化硫浓度，以确定在什么时候方能重新安全进入。

6.2.3.2　井下作业应急预案分级响应程序

《含硫化氢油气井下作业推荐作法》（ST/Q 6610—2005）规定了高含硫化氢油气井井下作业的应急程序，主要包括 6 项内容：人员职责，立即行动计划；电话号码及联系方式；附近居民点、商店、公园、学校、宗教场所、公路、医院、运动场及其他人口密度难测的设施等的具体位置；疏散路线及路障位置；可用的安全设备（如呼吸保护设备的数量和位置）。其中，"立即行动计划"条款原则规定了如下 9 项具体内容。

（1）警示员工并清点人数。

① 离开硫化氢或二氧化硫源，撤离受影响区域。

② 戴上合适的个人呼吸保护设备。

③ 警示其他受影响的人员。

④ 帮助行动困难人员。

⑤ 撤离到指定的紧急集合地点。

⑥ 清点现场人数。

（2）采取紧急措施控制已有或潜在的硫化氢或二氧化硫泄漏并消除可能的火源。必要时可启动紧急停工程序以扭转或控制非常事态。如果要求的行动不能及时完成以保护现场作业人员或公众免遭硫化氢或二氧化硫的危害，可根据现场具体情况，采取以下措施。

（3）直接或通过当地政府机构通知公众，该区域硫化氢可能会超过 $75mg/m^3$（50ppm），或 SO_2 浓度可能会超过 $27mg/m^3$（10ppm）。

（4）进行紧急撤离。

（5）通知电话号码单上最易联系到的上级主管。告知其现场情况以及请示是否需要紧急援助。该主管应通知（直接或安排通知）电话号码单上其他主管和其他相关人员（包括当地官员）。

（6）向当地官员推荐封锁通向非安全地带的未指定路线和提供适当援助等做法。

（7）向当地官员推荐疏散公众并提供适当援助等做法。

（8）若需要，通告当地政府和国家有关部门。

（9）监测暴露区域大气情况（在实施清除泄漏措施后）以确定何时可以重新安全进入。

6.2.3.3　集输场站与湿气管道应急预案分级响应程序

此应急预案分级响应程序吸收了上述钻井与试气（井下作业）应急理念和方法，并在高含硫化氢及二氧化硫油气田开发和集输上广泛应用，取得了较好的效果，故推荐给读者。

1）应急响应

（1）当硫化氢浓度达到 $15mg/m^3$（10ppm）时，做好启动应急程序的准备。

① 安排专人观察风向、风速以便确定危险区。

② 切断危险区的不防爆电器的电源。

③ 安排专人佩戴正压式空气呼吸器到危险区检查泄漏点。

④ 非作业人员撤至安全区。

（2）当硫化氢浓度达到 $30mg/m^3$（20ppm）时，按如下程序启动一级应急程序。

① 戴上正压式空气呼吸器。

② 向上级（第一责任人及授权人）报告。

③ 指派专人至少在主要下风口 100m、500m 和 1000m 处进行硫化氢监测，应在泄漏点附近敏感人群点布点检测。

④ 实施控制程序，控制硫化氢泄漏源。

⑤ 撤离现场的非应急人员。

⑥ 清点现场人员。

⑦ 断作业现场可能的着火源。

⑧ 通知救援机构。

（3）当硫化氢浓度达到 $150mg/m^3$（100ppm）时，按如下程序启动二级应急程序。

① 作业人员应按预案立即撤离井场。

② 同时通知、组织附近单位、居民住户开始应急撤离。

③ 现场总负责人应按应急预案的通讯表通知（或安排通知）其他有关机构和相关人员（包括政府有关负责人、附近单位和居民住户）。由施工单位和生产单位按相关规定分别向其上级主管部门报告。

2）应急疏散

（1）集气站、管道若发生大量含硫天然气泄漏事故时，在紧急状况下应立即疏散居民。

（2）疏散半径应根据具体的有毒气体释放量、释放压力、释放口径等参数进行模拟后确定。

3）气井点火程序

（1）含硫气井井喷或井喷失控事故发生后，应防止着火和爆炸。

（2）发生井喷后应采取措施控制井喷，若井口压力有可能超过允许关井压力，需点火放喷时，井场应先点火后放喷。

（3）井喷失控后，在人员的生命受到巨大威胁、人员撤离无望、失控井无希望得到控制的情况下，作为最后手段应按抢险作业程序对油气井井口实施点火。

（4）气井点火程序的相关内容应在应急预案中予以明确说明。

（5）井场应配备自动点火装置，并备用手动点火器具。点火人员应配戴防护器具，并在上风方向，离火口距离不小于10m处点火。

（6）点火后应对下风方向尤其是井场生活区、周围居民区、医院、学校等人员聚集场所的SO_2的浓度进行监测。

6.3　高含硫气田应急演练

高含硫气田员工应急演练是为使广大员工熟练掌握运用各种器材装备而进行的基础技能训练。其任务是使受训者能够熟练地掌握训练项目的操作程序、操作方法、操作要求，提高员工技术操作水平和个人防护能力，提高员工在复杂环境中的应变能力，适应突发事件的自救和他救能力。

6.3.1　一人两盘水带连接操作

6.3.1.1　场地器材

在长37m、宽2.5m的平地上，标出起点线和终点线。在起点前1m、1.5m、8m处分别标出器材线、分水器拖止线、水带甩开线。器材线上放置水枪1支、65mm内扣水带2盘、分水器1只。如图6−1所示。

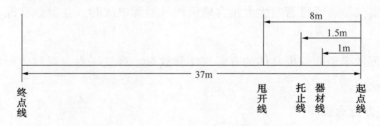

图6−1　一人两盘水带训练场示意图

6.3.1.2　操作程序

训练人员在起点线一侧3m处站成一列横队。

听到"第一名出列"的口令，训练人员行进至起点线成立正姿势。

听到"准备器材"的口令，训练人员检查器材，携带水枪，回原位站好，听到"预备"的口令，训练人员做好操作准备。

听到"开始"的口令，训练人员迅速向前，手持水带，先甩开第 1 盘水带，一端接上分水器接口，另一端接上第 2 盘水带，然后行至甩带线甩开第 2 盘水带，连接好水枪，冲出终点线，举手示意喊"好"。

听到"收操"的口令，训练人员收起器材，放回原处，成立正姿势。

听到"入列"的口令，训练人员跑步入列。

6.3.1.3　操作要求

（1）水带、分水器必须放置在器材线上。

（2）水带不得出线、压线或扭圈 360°。

（3）接口不得脱口或卡口，分水器不应拖出 0.5m。

（4）必须在铺带线路内完成全部动作。

（5）训练人员必须穿戴普光分公司统一配发的劳保服、红色工衣、红色安全帽、劳保鞋、防护手套等。

6.3.1.4　成绩评定

计时从发令"开始"至训练人员完成全部操作任务，示意喊"好"止。

（1）有下列情况之一者不计成绩：

① 水带接口脱口、卡口。

② 未接上水枪冲出终点线。

③ 分水器拖出 0.5m。

（2）有下列情况之一者加 1s：

① 第 1 盘水带未到甩开线甩开。

② 水带出线、压线，水带扭圈 360°。

6.3.2　双人佩戴 6.8L 空气呼吸器接力灭油槽火

6.3.2.1　场地设置

在长 100m、宽 2.5m 的范围内，标出：a 为起点线及空呼摆放点（空呼摆放与起点线平齐）；20m 处 b 为 8kg 灭火器摆放点；30m 处 c 为油槽摆放点；50m 处 d 为接力线；70m 处 e 为 8kg 灭火器摆放点；80m 处 f 为油槽摆放点；100m 处 g 为终点线，如图 6-2 所示。

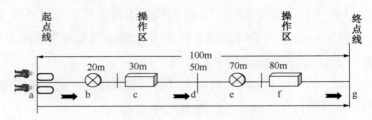

图 6-2　双人佩戴 6.8L 空气呼吸器接力灭油槽火示意图

a—起点线（空呼）；b、e—8 公斤干粉灭火器摆放点；c、f—油槽摆放点；

d—接力线；g—终点线

6.3.2.2　器材准备

起点线设 6.8L 空气呼吸器 2 具，20m 和 70m 处各设 8kg 干粉灭火器各 1 具；30m 和 80m 处标出油池线各设油槽一个，在 50m 处标出接力线，在 100m 处标出终点线。

6.3.2.3　操作程序

听到"出列"的口令时，两名训练人员答"到"，然后跑步至起点线后，进行器材整理。整理完毕后向裁判员示意"器材准备完毕"。

听到"开始"的口令，两名训练人员佩戴好空气呼吸器，第一名跑至 50m 接力线处进行等待（不能过线或踩线）；另一名跑至 20m 处提起灭火器上下摇晃，奔向 30m 第一个油槽处进行灭火；火灭后徒手跑至 50m 接力线处拍打第一名手臂并冲出终点线喊"好"；第一名在接到信号后，迅速跑至 70m 处提起灭火器上下摇晃，奔向 80m 第二个油槽处进行灭火；火灭后，两名训练人员分别冲出终点线喊"好"。

6.3.2.4　操作要求

（1）必须穿戴普光分公司统一配发的劳保服，红色工衣、红色安全帽、劳保鞋、防护手套等。

（2）空气呼吸器气密性必须符合安全要求。

（3）灭火器在开始前不得提前拉开保险销。

（4）严格按照现场实际情况选择灭火方向。

（5）训练人员跑出终点线喊"好"后，停止一切操作。

（6）在跑动当中劳保用品不得脱落，冲出终点线时劳保用品必修穿戴齐全。

6.3.2.5　成绩评定

计时从发令"开始"信号时，到最后一名训练人员冲出终点线举手示意喊"好"止。

6.3.2.6　考核时间

准备时间：1min。

操作时间：双人操作完成额定时间不得超过5min。

考核时间：以最后一名冲出终点线为准。

6.3.3　两人佩戴6.8L空气呼吸器利用担架救人

6.3.3.1　场地设置

在长50m、宽2.5m的平地上，标出起点线和终点线。在起点线前8m、50m，分别标出操作区、终点线。在操作区内，1名纵向平放体重不低于65kg的活体人，如图6-3所示。

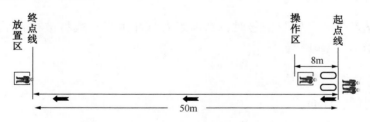

图6-3　两人担架救人场地示意图

6.3.3.2　器材准备

在起点线分别设6.8L空气呼吸器2具和长管面罩（他救器）1个、担架1副，在8m线内、50m终点线外各设海绵垫子1个，1名纵向平躺体重不低于

65kg 的活体人；在 50m 处标出终点线。

6.3.3.3 操作程序

听到"出列"的口令时，两名训练人员答"到"，然后跑步至起点线后，进行整理器材。整理完毕后向裁判员示意"器材准备完毕"。

听到"开始"的口令，两名训练人员佩戴好空气呼吸器，1 名队员携带 1 根长管面罩和担架跑至操作区，利用三通一端与 1 号员连接，另一端将面罩戴在被救者的脸部。建立呼吸后，采用 2 人搬运法将被救者转移至 50m 外的终点线处举手示意喊"好"。

6.3.3.4 操作要求

（1）必须穿戴普光分公司统一配发的劳保服，红色工衣、红色安全帽、劳保鞋、防护手套等。

（2）听到"预备"口令时，训练人员不能触动空呼。

（3）1 号、2 号员必须在 8m 线内给被救者戴好面罩，并建立呼吸。

（4）行进过程中被救助者的身体任意部位不得着地。

（5）空气呼吸器气密性必须符合安全要求，行进过程中被救助者的空呼面罩不得漏气。

（6）救助者被抬至放置区时必须将人平放至海绵垫上。

（7）在跑动当中劳保用品不得脱落，必须要穿戴齐全冲出终点线。

6.3.3.5 成绩评定

计时从发令"开始"信号时，到训练人员冲出终点线将被救者平放至海绵垫子上，举手示意喊"好"止。

6.3.3.6 考核时间

准备时间：1min。

操作时间：双人操作完成额定时间不得超过 5min。

考核时间：以最后一名冲出终点线将伤员平放至海绵垫上，举手示意为准。

6.3.4 综合应急科目演练

应急救援处置总的原则是"以人为本"，以救死扶伤，抢救人员生命为第一位。先抢救人员、保护环境，后抢救生产设备。为了迅速采取应急行动，避免或减少损失，执行以下应急处理原则。

（1）疏散无关人员，最大限度减少人员伤亡。

（2）阻断危险物源，防止二次事故发生。

（3）保持通信畅通，随时掌握险情动态。

（4）采取正确报警方式，请求救援力量，迅速控制事态发展。

（5）正确分析现场情况，及时划定危险范围，决策应当机立断。

（6）正确分析风险损益，在尽可能减少人员伤亡的前提下，组织开展抢险。

（7）处理事故险情时，首先考虑人身安全，其次应尽可能减少环境污染和财产损失，按有利于恢复生产的原则组织应急行动。

6.3.4.1　情景假设

（1）一装置区发生硫化氢气体泄漏，虽然采取了紧急放空，仍有大量硫化氢气体向外扩散。

（2）装置区下风方向 50m 范围内硫化氢气体浓度为 100ppm。

（3）装置区内一巡检人员未及时撤离晕倒在现场。

（4）容器内的液体外溢自燃。

（5）事故发生在白天。

（6）风向西北风，风力 2 ~ 3 级。

6.3.4.2　现场器材

（1）6.8L 正压式空气呼吸器 6 具。

（2）8kg 手提式干粉灭火器 2 具。

（3）65 型水带两盘，直流水枪 1 把。

（4）现场设置了消防供水系统。

6.3.4.3　综合演练要求

（1）作为当班领导遇突发事件，怎样迅速、有序地组织开展救援行动。

（2）检验学员在遇突发事件时，怎样快速地接受指挥员的行动指令，领会其意图，从而使团队达到协同作战应对突发事件的应急处置能力。

（3）检验学员在学习中掌握的应急救援知识。

思考题

1. 应急建设基本原则是什么？

2. 普光气田"三级应急联防"是指哪三级？

3. 高含硫化氢和 CO_2 气田应急预案有什么特别要求？

4. 双人佩戴 6.8L 空气呼吸器接力灭油槽火操作要求有哪些？

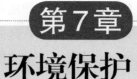

第7章
环境保护

人类为自己的文明进程，付出了沉重的代价——环境污染的日益严重和恶化，各种自然灾害的频发，人类的生活环境和健康受到威胁。今天，环境保护已成为我国的一项基本国策。然而我国的环境保护事业尚处于起步阶段，环境污染在继续，环境现状不容乐观，环境保护事业任重而道远。

7.1 环境保护基础知识

7.1.1 环境

7.1.1.1 环境的概念

环境是指作用于人这一客体的所有外界事物和力量的总和，它既包括自然环境，也包括社会环境和经济环境。

在《中华人民共和国环境保护法》中，对环境的定义是：影响人类生存和发展的各种天然的和经过人工改造的自然因素的总体，包括大气、水、海洋、土地、矿藏、森林、草原、野生生物、自然遗迹、人文遗迹、自然保护区、风景名胜区、城市和乡村等。本课程所涉及的环境，主要是指自然环境（或地球环境）。

7.1.1.2 环境问题

所谓环境问题是指全球环境或区域环境中出现的不利于人类生存和发展的各种现象。环境问题主要有两类：原生环境问题和次生环境问题。

7.1.1.3 环境污染

环境污染是指工农业生产和城市生活把大量污染物排入环境，对生态系统产生的一系列扰乱和侵害，使环境质量下降，以致危害人体健康，损害生物资源，影响工农业生产。这里环境污染主要指工业的"三废"（废气、废水、废渣）对大气、水体、土壤和生物的污染。

7.1.2　环境科学

环境科学的主体是人，与之相对的是围绕着人的生存环境，包括自然界的大气圈、水圈、岩石圈、生物圈。宏观上，研究人和环境相互作用的规律，由此揭示社会、经济和环境协调发展的基本规律。这也就是可持续发展战略的思路，因此环境科学发展之后，必然要提出可持续发展问题。从微观上讲，环境科学要研究环境中的物质，尤其是人类活动产生的污染物，其在环境中的产生、迁移、转变、积累、归宿等过程及其运动规律，为我们保护环境的实践提供科学基础。还要研究环境污染综合防治技术和管理措施，寻求环境污染的预防、控制、消除的途径和方法，这些都是环境科学的任务。

7.1.3　环境保护与可持续发展

7.1.3.1　环境保护的全球行动

1972 年 6 月 5 日，有 113 个国家代表参加的"联合国人类环境会议"在瑞典的斯德哥尔摩召开。会上通过了《只有一个地球》和《人类环境宣言》两个重要文件。为纪念斯德哥尔摩会议的召开，当年联合国作出决议，把 6 月 5 日定为"世界环境日"。每个世界环境日有一个主题。

7.1.3.2　环境保护是我国的一项基本国策

1983 年 12 月 31 日，在北京召开的第二次全国环境保护会议上提出环境保护作为我国的一项基本国策。1989 年 12 月 26 日，《中华人民共和国环境保护法》实施，到 1995 年底，中国已经颁布 364 项各类国家环境标准。

7.1.3.3　可持续发展（SUSSTAINABLE DEVELOPMENI）

可持续发展思想是 20 世纪 70 年代以后关于经济增长的辩论中逐渐萌芽和发展起来的。1987 年联合国世界环境与发展委员会的纲领性文件《我们共同的未来》中确定了其定义：既满足当代人的需要；又不对后代人满足其需要的能力构成危害。这里包括两个重要概念：一是人类要发展，要满足人类发展的需求；二是不能损害自然界支持当代人和后代人的生存能力。

7.2　环境保护法律法规和行业规范

环境法是由国家制定或认可，并由国家强制保证执行的关于保护环境和自然资源、防治污染和其他公害法律规范的总称。区别于一般法律，环境法具有综合性、技术性、社会性和共同性等特征。1995 年底，我国除制定了《中华人民共和国环境保护法》外，针对特定的环境保护对象制定颁布了近 20 项与环境保护相关的资源保护法；同时中国政府还制定了 30 多项环境保护行政规章；地方人民政府相应制定和颁布了 600 多项环境保护地方性法规；另外，中国还颁布了364 项各类国家环境标准。

7.2.1　环境保护法律体系

综合我国现行环境立法，环境保护法律体系由下列各部分构成：（1）宪法关于环境保护的规定；（2）环境保护基本法规；（3）环境保护的专门法规，环境保护专门法规是针对特定的保护对象如某种环境要素或特定的环境社会关系而进行专门调整的单行立法；（4）环境标准，主要包括环境质量标准、污染物排放标准、环境保护基础标准和方法标准 3 大类；（5）其他部门法中的环境保护法律规范，如民法、刑法、经济法、劳动法、行政法中包含的环境保护的法律规范。

7.2.2　环境保护法律

《中华人民共和国环境保护法》是我国环境保护的基本法。由此又分别派生了《中华人民共和国海洋环境保护法》、《中华人民共和国水污染防治法》、《中华人民共和国大气污染防治法》、《中华人民共和国固体废物污染防治法》、《中华人民共和国环境噪声污染防治法》和《中华人民共和国清洁生产促进法》6 部。

7.2.3 环境保护行政法规

环境保护行政法规由国务院制定并公布或者经国务院批准而由有关主管部门公布的环境保护规范性文件。

7.2.4 石油企业环境管理

7.2.4.1 环境监督管理

（1）所有新建、改建、扩建的建设项目的环境管理应遵守国家、地方政府和《中国石化集团公司的建设项目环境保护管理办法（条例)》。

（2）建设项目在可行性研究阶段应按规定编制环境影响评价报告书、填报《建设项目影响报告表》或《建设项目环境影响登记表》。

7.2.4.2 环境现场管理

（1）企业及所属单位应制定符合本企业特点的环境管理方案，确定各自的环境因素、环境目标和措施，并不断地修正完善。

（2）作业及生产现场及独立的施工建设单位应制定相应的环境保护管理规定。

7.2.4.3 设计过程中的环保要求

（1）设计前期工作要求。

（2）厂址选择与总图布置。

（3）污染防治。

（4）环保管理与监测要求。

7.2.4.4 生产准备阶段环保要求

（1）选择施工现场位置及专用公路时，要最大限度地保存原有树木、灌木、农作物、草原。

（2）保护用地和施工现场周围的树木、花草等植物免受破坏。

（3）选择施工现场要尽可能避开人口稠密的城镇、学校、医疗区及食品企业。

7.2.4.5　施工阶段环保要求

（1）施工材料和油料应集中管理，减少散失或漏失，对被污染的土壤应及时妥善处理。

（2）所有燃料、油、润滑剂、化学药剂都应放在合适的罐中、包装箱内或材料房里，并有专人管理。有毒化学处理剂应设明显标示，并建立收发登记制度。

（3）施工过程中使用的废油、废液应存放在合适的容器中，回收再生利用。

7.2.4.6　"三废"的处理、处置

（1）企业应优先选用清洁的原材料和生产工艺，将污染尽量消除和控制在生产过程中，对不可避免的污染物应采取有效的综合治理措施，对污染物予以处理、回收和利用。不断根据危害评价结果和污染治理的目标要求，建设、配置和完善工业"三废"处理设施。同时，加强管理和维护，保证环保处理设施运行正常并达到应有的处理效果。

（2）生产装置和作业工区排放的工业废水均应设置有效的处理设施，直接排放至外部环境的要达到 GB 8978 或公司和地方政府规定的排放标准；排放到二级污水处理场的应设置预处理设施，并达到排放指标的要求。

7.2.4.7　环境监测与评价

《环境保护法》第 11 条规定："国务院环境保护行政主管部门建立监测制度，制定监测规定，会同有关部门组织监测网络，加强对环境监测的管理"。

1）环境监测的重要性

2）环境监测工作

3）油气田企业应做好以下几个方面工作：

（1）企业应设立独立的环境监测机构；

（2）企业应定期制定环境监测计划和方案，确定监测点位、项目、频率，保证对"三废"数量和质量及环境质量进行有效的监控；

（3）企业环境监测机构应按规定配备相应的人员和分析仪器、设备；

（4）环境监测机构应按管理部门制定的监测计划及国家和公司规定的分析方

法开展监测工作，并制定和实施环境监测质量保证体系。做到及时采样、及时分析、及时报出监测结果；

（5）环境监测机构要定期对本企业的"三废"排放状况、环境质量及存在问题做出评价，为管理部门提供决策依据。

4）油气田环境监测的内容一般可从以下几个方面考虑：

（1）对油气田的大气、水体、土壤、生物等环境要素进行监测；

（2）对油气田勘探、钻井、测井、井下作业、采油（气）等各个环节的污染源进行监测；

（3）对油气田企业内部各种"三废"治理设施进行监视性监测，对容易造成严重污染事故的设施及排放点进行警戒性监测；

（4）对发生井喷、泄漏等严重污染事故进行应急监测。

7.2.5 清洁生产

7.2.5.1 什么是清洁生产

所谓清洁生产（CP）是指由一系列能满足可持续发展要求的清洁生产方案所组成的生产、管理、规划系统。它是一个宏观概念，是相对于传统的粗放生产、管理、规划系统而言的；同时，它又是一个相对动态概念，它是相对于现有生产工艺和产品而言的，它本身仍需要随着科技进步不断完善和提高其清洁水平。

一些国家在提出转变传统的生产发展模式和污染控制战略时，曾采用了不同的提法，如废物最少量化、无废少废工艺、清洁工艺、污染预防等等。但是这些概念不能包容上述多重含义，尤其不能确切表达当代融环境污染防治于生产可持续发展的新战略。为此，联合国环境规划署与环境规划中心（UNEPIE/PAC）综合各种说法，采用了"清洁生产"这一术语来表征从原料、生产工艺到产品使用全过程的广义的污染防治途径。

清洁生产是实现环保达标排放的有效途径。国内外企业通过治理污染的实践，逐步认识到防治工业污染不能只依靠治理排污口（末端）的污染，要从根本上解决工业污染问题，必须"预防为主"，将污染物消除在生产过程之中，实行工业生产全过程控制。

1992 年联合国在巴西召开的"环境与发展大会"提出了全球环境与经济协调发展的新战略，中国政府积极响应，于 1994 年提出了"中国 21 世纪议程"，将清洁生产列为"重点项目"之一。

2001 年 11 月，九届全国人大第二十八次会议审议通过了《中华人民共和国清洁生产促进法》，标志着我国可持续发展事业有了历史性进步。

7.2.5.2　清洁生产方案的实施与控制

清洁生产方案的实施应贯彻两个全过程控制。

（1）产品生命周期全过程控制。即从原材料加工、提炼到产出产品，产品使用，直至报废处置的各个环节都必须采取必要的清洁方案，以实施物质生产、人类消费污染的预防控制。

（2）生产的全过程控制。即从产品开发、规划、设计、建设、生产到运营管理的全过程，都必须采取必要的清洁方案，以实施防止物质生产过程中污染发生的控制。

对生产过程而言，清洁生产包括节约原材料和能源，淘汰有毒有害的原材料，并在全部排放物和废物离开生产过程以前，尽最大可能减少它们的排放量和毒性。对产品而言，清洁生产旨在减少产品整个生命周期过程中从原料的提取到产品的最终处置对人类和环境的影响。

清洁生产思考方法与之前不同之处在于过去考虑对环境的影响时，把注意力集中在污染物产生之后如何处理，以减小对环境的危害，而清洁生产则是要求把污染物消除在它产生之前。

7.2.5.3　实施清洁生产方案的目标

（1）通过资源的综合利用，短缺资源的代用，二次能源的利用以及节能、节水、省料等，实现合理利用资源，减缓资源枯竭的目的。

（2）通过减少甚至消除废物和污染物在产品生产全过程及产品的整个生命周期内的产生和排放，实现产品生产和产品消费过程与环境相容的目的。

7.2.6　中国石化环境保护白皮书

2012 年 11 月 29 日，中国石化在北京发布《中国石油化工集团公司环境保护白皮书（2012）》，这是中国石化首次发布环境保护白皮书，也是中国企业发布的首个环境保护白皮书。

《中国石油化工集团公司环境保护白皮书（2012）》分为前言、主体和展望三部分。前言部分提出了中国石化的环保理念、成效和责任。主体部分从公司治理、绿色战略、低碳能源、清洁生产等 8 个方面介绍了中国石化在绿色低碳和环境保护方面的工作。展望部分提出了中国石化关于环境保护的更高追求、重点方向以及责任和承诺。此白皮书发布周期为 5 年。

《中国石油化工集团公司环境保护白皮书（2012）》的发布，是中国石化贯彻落实十八大提出的推进生态文明、建设美丽中国的重要举措，显示了中国石化作为中央企业，坚决实施绿色低碳战略、创建环境友好企业的决心和信心。

大公司要尽大责任，国家公司要尽国家责任，跨国公司要尽国际责任。作为负责任的能源化工企业，我们在创造社会财富的过程中，凡是环境保护需要的投资一分不少，凡是不符合环境保护的事一件不做，凡是污染和破坏环境带来的效益一分不要。要牢固树立绿色低碳发展的理念，努力把传统的石油石化产业转变为低耗、高效、清洁、环保的绿色产业，实现企业与社会、环境的和谐发展，这是时代赋予我们的历史责任。我们要把这些理念转化为行动，使之成为公司文化的一部分。

发布《中国石油化工集团公司环境保护白皮书（2012）》，不仅是要介绍中国石化的环保理念、管理政策和规划规则，更重要的是向全社会公开承诺：坚持绿色低碳理念，加快转变发展方式，努力发展清洁能源，坚持绿色低碳发展，提升资源综合利用率，加大技术创新力度，推进生态文明建设。

7.3 油气田开发对环境的影响及污染防治

7.3.1 油气田勘探开发对环境的影响

油气田勘探开发是一项包含有地下、地上等多种工艺技术的系统工程。其主要工艺过程包括地质调查、勘探、钻井、测井、井下作业、采油（气）、油气集输、储运等，此外还包括辅助配套工艺过程，如供水、供电、通讯、排水等。在这些具体的开发生产活动中，不同工艺和不同开发阶段，其排放的污染物及构成是不尽相同的。

地质勘探阶段的环境污染源主要是放炮震源和噪声源。

钻井阶段的污染源主要来自钻井设备和钻井施工现场。钻井过程不仅会产生废气、废水，还会产生固体废物和噪声。废气主要来自大功率柴油机排出的废气和烟尘；废水主要由柴油机冷却水、钻井废水、洗井水及井场生活污水所组成；废渣主要有钻井岩屑、废弃钻井液及钻井废水处理后的污泥。

测井过程中，由于有时使用放射性辐射源和放射性元素，因此，其污染源主要是放射性三废物质，以及因操作不慎溅、洒、滴入外环境的活化液，挥发进入空气中的放射性气体，被污染的井管和工具等。

井下作业过程中，由于其工艺复杂、施工类型多，故其形成的污染源也较为复杂。在压裂施工中，会产生大量压裂液；地面高压泵组会产生噪声和振动。在酸化施工中，酸化液与硫化物结垢作用后可产生有毒气体硫化氢，造成大气污染；酸化后洗井排出的污水含有各种酸液或酸液添加剂等。在注水和洗井施工中，会产生洗井废水；注水泵组会产生较强的噪声。

在采油（气）过程中，主要污染源和污染物是产出的污水，另外在油气集输过程中还会有一定量的烃类气体释放。特别在稠油开采施工时，如采用蒸汽吞吐热采或"蒸汽驱"，还有蒸汽发生炉产生烟气污染。

在油气集输和储运过程中，主要废水污染源是原油脱出的含油废水；油气分离器及分配罐排出的含砂、含油废水；原油稳定流程中的气液三相分离器及真空罐和冷凝液储罐排水；还有计量站、联合站、脱水站、油水泵区、油罐区、装卸油站台、原油稳定、轻烃回收和集输流程的管线、设备及地面冲洗等排放出的含油、含有机溶剂的废水。主要废气污染源有储罐、油罐车、增压站、集气站、压气站、天然气净化厂等损耗烃类的场所和设备，还有加热炉放空火炬等。主要固体废物有从三相分离器、脱水沉降罐、电脱水等设备排水时排出的污油；泵及管线跑、冒、滴、漏排出的污油；脱水沉降罐、油罐、油罐车、含油废水处理厂等设施，以及天然气净化厂清出和排出的油砂、油泥、过滤滤料等固体泥状废物。

主要噪声源有机泵、电机、加热炉螺杆式压缩机等。

总之，在油气田勘探开发过程中，从地质勘探到钻井、采气、集输和储运的各个环节上，由于工作内容多，工序差别大，施工情况多样，管理水平不一，设备配置不同及环境状况差异，污染源比较复杂。

7.3.2　石油勘探开发环境影响的特点

石油勘探开发环境污染源，与其他行业相比，在构成、排放规律和环境影响上有其自身的特点。

1）分布广，种类多

2）排放特点

（1）点源与面源排放兼有，以点源为主。

（2）无组织排放与有组织排放兼有。

（3）正常生产排放和事故排放兼有，以正常生产排放为主。

（4）连续排放与间歇排放兼有，以间歇排放为主。

（5）可控排放与不可控排放兼有，以可控排放为主。

3）环境影响特点

（1）环境影响的时间性。

（2）环境影响的可恢复性与不可恢复性。

（3）环境影响的全方位性。

（4）环境影响的双重性。

7.3.3　气田勘探开发环境污染治理

7.3.3.1　物探生产过程中对环境的影响与污染治理

在油气田地球物理勘探开发过程中，产生的污染较少。

针对物探生产过程中的污染源以及产生的污染物，通常采取以下措施进行治理。

（1）地震队在作业过程中应制定严格的生活管理制度，养成节约的生活习惯，减少固体垃圾的产生。尽量少用外包装不易分解的食品或其他物品，及时回收生活垃圾，及时处理。

（2）对物探作业过程中产生的炸药包装箱、废记录纸、废旧部件等固体废弃物要回收利用，没有利用价值的应及时处理；对哑炮要进行引爆处理；对在测线上形成的固体废物应回收，集中处理。

（3）建立营地时应注意：营地应建在植被较少的地方；尽可能减少营地的数量和占地面积，特别是减少停车场的占地面积；对营地植被要认真保护，特别是尽量不践踏植被。

（4）施工时应注意：合理安排施工，减少车辆、人员穿越河流、沟渠、湖泊等的次数；设计合理的施工方法，减少固体废物的产生量；尽量采用小药量施工，在野外使用毒性较小的炸药，固体废物堆放点选择远离营地、河流、湖泊的地方，应在营地水源的下游，最好在下风方向，地势高于附近水源的最高水位；埋置检波器时要尽量避免破坏植被，不得砍伐受特殊保护的和直径超过 20cm 的树木，遇到大面积树林或植被，测线应偏移或改变施工方法；在丛林区慎用烟火，灌木丛中，推土机的铲子离地面 10cm 以上，保留测线上的表土、根系和种子，以利于再生；避开野生动物区，以免影响其入窝冬眠、筑巢、产卵、迁徙和摄食；限制车辆、人员在测线上活动的范围、频率，避免夜间施工，减少对野生动物的惊扰。

（5）施工结束后，回收所有小旗、标志和废品，及时回填炮眼，避免继续污染环境；恢复工区所有的自然排水道；拆除所有的建筑设施，清除建筑材料；废弃开辟的道路。

7.3.3.2　钻井生产过程对环境的影响与污染治理

1）钻井过程中废水对环境的影响及其治理

钻井施工过程中水的使用量较大，配制钻井液、冲洗井底、冷却钻井泵以及润滑都要耗费大量的水，不可避免地要产生大量废水，对环境造成非常不利的影响。钻井废水按其来源可以分为如下几类：①废钻井液；②机械废水；③冲洗废水；④普通废水。

通常，为了适应各种地层、井型、工艺等各方面的技术要求，钻井液里要加入一定的处理剂，以调节钻井液的性能。钻井液处理剂一般可分为如下几类：

①无机处理剂；②有机处理剂；③表面活性剂。

对钻井废水的处理，主要采用自然除油、物理除油、自然沉降、混凝沉降、汽提、化学混凝、物理吸附、化学吸附及离子交换吸附等方式。经过一系列综合处理，达标后循环使用，既可以控制废水污染又可以节约大量水资源，效果良好。

2）钻井过程中的废气对环境的影响及其治理

钻井过程中的废气主要来自于动力设备运转过程中燃烧油料所产生的烟气、烟尘。其主要污染成分包括二氧化硫、氮氧化物、一氧化碳和烟尘等。因为钻井施工中使用动力设备比较多，所以这类污染也不可忽视。但由于污染源分散，钻井废气对环境影响不大，目前可采取的环保措施主要是改进设备性能、提高燃烧质量、保证充分燃烧、配置净化装置、控制废气排放量等。

7.3.3.3　测井生产过程对环境的影响与污染治理

1）测井过程中的污染源及其污染物

随着测井技术的发展，放射性物质被广泛用于生产过程中，放射性测井成为测井的重要类型，由此带来的放射性污染成为油气田勘探开发过程中放射性污染的主要来源，如果控制不好，对环境的危害非常大。

在放射性测井中使用的放射源有伽马源、中子源和放射性同位素，主要放射性物质有镅 – 铍（241Am – Be）、铯（137Cs）、镭（226Ra）、钡（131Ba）、碘（131I）、锡（113Sn）、铟（113In）、钴（60Co）等。从管理和使用角度看，伽马源和中子源属密封型放射源，同位素为开放型放射源。

在这一过程中可能造成放射性污染的主要途径有如下几点。

（1）在地面做准备时，由于操作人员过于紧张、装源不紧或根本没装上等原因，致使放射源掉入井底，造成特大放射性事故。若无法打捞，将导致地下水体的放射性污染，井队也将因井底放射源而无法工作。处理办法只能是封井报废，给周围环境造成极其恶劣的影响。

（2）由于种种原因，放射性源连同放射仪器一同掉入井底，在施工打捞的过程中会对井口工作人员会产生一些影响。

（3）由于保管不善将放射源丢失在井场或其他地方，或由于工作人员大意在测井完毕后忘了将放射源从仪器中卸下，随仪器四处移动，辐射影响所经之地环境。

（4）放射源外壳或储源罐泄漏。一般而言，放射源管理要求是非常严格的，以上几种情况均属事故污染，只要严格按操作规范办事，严格遵守相应的管理办法，专人负责，定期检查，上述污染均可以避免。

2）针对测井生产过程中的污染源以及产生的污染物，通常采取以下措施进行治理

（1）严格按要求管理放射源，按操作规范办事，遵守相应的管理办法，专人负责，定期检查，杜绝放射性污染。

（2）为杜绝事故性污染，应严格执行国家有关标准，制定严格的操作规程和严格放射性物质出入库制度；源车、源库、同位素实验室要符合安全标准；管理人员和操作人员持证上岗；对于同位素外排污水要加强治理，经衰变池处理，检验达标后方可外排；还要加强个人防护用品管理，工作之后，都要装入专门配备的手提箱包内，经过 10 个半衰期后，经有关部门检测低于或等于本底值时方可焚烧处理。

（3）对于测井过程中的非放射性污染，可以通过规范化操作，加强事先检查等方法加以控制，同时，在工作完毕后还要注意现场清理，尽量减少对环境的污染和影响。

7.3.3.4　井下作业过程中对环境的影响与污染治理

1）作业过程中的污染源及其污染物

① 落地原油；② 废水；③ 泥浆；④ 压裂液和酸液；⑤ 气体污染物；⑥噪声。

2）作业过程中的污染源治理

防治井下作业环境污染的主要管理措施是制定健全、严密的施工作业环境保护管理规定，并严格执行，是最直接有效的手段；加强宣传教育，提高各级领导的环保意识，增强作业施工人员的环境保护意识，是防治井下作业环境污染的切实保障；研究推广使用新工艺、新技术，从根本上防治污染，是最终杜绝井下作业环境污染的途径。

十大无污染作业法如下：

① 实行压井进干线。

② 油井管柱安装泄油器。

③ 下抽油杆采用抽杆自封器。

④ 提下油管使用封井器。

⑤ 水井压井放溢进回水流程。

⑥ 油水冲砂安装单流阀，使用冲砂循环罐。

⑦ 井转注、混气水洗井使用半封闭罐。

⑧ 7k 井酸化一条龙。

⑨ 新井投产组织泥浆回收。

⑩ 工完料静场地无污染。

井下作业系统应从自身特点出发，实施保护环境的各项措施，不断减少井下作业过程的环境污染，实现清洁生产、文明施工。

7.3.3.5　油气生产过程中对环境的影响与污染治理

1）污水

对于污水的治理，主要方法有两类：沉降处理和化工处理。具体应用过程中主要采用如下 3 种方式：重力沉降法、压力沉降法和气浮法。含油废水经以上处理后，在既满足注水要求，又达到外排标准的情况下，绝大部分回注地层，只有少量外排。通过这种处理方式，既减轻了对环境的污染又可节约大量的水资源，不但产生了可观的环境效益，而且还能得到巨大的经济效益。

2）落地原油及油砂

对于落地原油的处理主要措施是回收利用。为此，有的油田成立了专门的班组进行落地原油回收。为了减少落地原油的产生，许多油田都采取了一系列积极措施，加强作业管理和设备养护，以铁油池代替土油池等，达到了一定的效果。

对油砂的处理原则是区别对待，含油量高的，要回收原油；含油量低的，则采取生物降解等措施进行无害化处理。

3）油气生产过程中的废气

（1）燃料废气。

（2）工艺废气。

7.3.3.6　集输过程中对环境的影响与污染治理

1）集输过程中的污染源及污染物

（1）公路槽车和铁路槽车污染。

（2）油储存过程中的环境污染。

2）集输过程中的污染控制

石油储存过程中的污染控制。储罐废气排放量与油品挥发性及罐区气温、气压变化、日照、辐射、油罐的机械状况及进出油操作等因素有关。所以，控制储罐废气排放可采取如下几项措施。

（1）选择合适的储罐。为了减少油罐的蒸发损失，应将固定顶罐改为浮顶罐；因太阳辐射热会加剧储罐中油品的挥发，在储罐外表合理地涂上相应颜色的油漆以减少太阳的辐射效应，也是控制石油储存过程中废气外排的有效方法之一。

（2）加强罐区管理。储罐的机械状况、性能对废气外排影响很大，为此，应加强储罐管理，定期进行维护检修，确保罐体无腐蚀、渗漏、阀门控制灵敏、罐顶密封良好。

（3）加强废气回收。储罐含烃废气的回收，一般多采用密闭的联合油气回收系统，通过管道将储罐与油气收集系统相连接，采用压缩、冷冻、吸收和吸附等方法，将轻烃液化后返回油品系统。除此之外，还可对固定顶罐呼吸阀排出的轻烃直接进行洗涤或冷凝，然后采用种种方式进行回收利用。

7.3.3.7　净化过程中对环境影响与污染治理

1）环境影响因素

天然气净化过程可能对环境危害的物质主要包括甲烷（CH_4）、硫化氢（H_2S）、二氧化硫（SO_2）、硫黄及硫黄粉尘等。

2）主要污染源、污染物

（1）废气。天然气净化过程废气污染源主要来自硫磺回收装置和公用工程的锅炉单元。原料天然气中的 H_2S 在脱硫装置被脱除后在硫黄回收装置转化为硫黄，产生的尾气在尾气处理装置进一步加以处理，最后经过焚烧排入大气，排放气中的主要污染物为二氧化硫。锅炉单元产生的废气来自为发生蒸汽设置的锅炉。工艺废气来自硫黄成型机。事故时，废气排放源主要来自火炬系统。

（2）废水。正常生产工况下，装置内不产生废水，在冲洗设备和工厂停工检修时，装置内将排放含少量胺、醇的生产废水。清净废水来自锅炉排污、净化水场反冲洗排水、锅炉水处理系统及循环水排污系统。

（3）废渣。生产过程产生的废渣主要来自水解塔、硫黄回收装置使用 3~5 年后的废催化剂、尾气处理装置的废催化剂以及污水处理装置产生的少量剩余污泥。

（4）噪声。厂区噪声主要来自鼓风机、泵、冷水塔等。

3）污染物防治措施

（1）废气防治设施。

① 尾气焚烧炉。脱硫单元脱除的 H_2S 经硫黄回收装置处理后绝大部分转化为液硫，硫黄回收装置的尾气经尾气处理装置处理后，总硫回收率达到99.8%以上，尾气处理装置排出的尾气经焚烧炉焚烧，经烟囱排入大气。装置内共 12 台尾气焚烧炉，每两台焚烧炉焚烧后产生的烟气经排气筒进入 1 根烟囱。净化厂焚烧炉排气筒高度、最终排放速率及浓度均满足《大气污染物综合排放标准》（GB 16297—1996）规定的新建污染源大气污染物排放限值二级标准要求。

② 锅炉。系统锅炉房内设置两台 75t/h 燃气锅炉，一台燃油/燃气锅炉。开工初期三台锅炉全部运行，用于管线吹扫和满足开工用汽等，正常工况下锅炉停运。锅炉烟囱高 80m，NO_x 排放浓度满足《锅炉大气污染物排放标准》（GB 13271—2001）。

③ 火炬。天然气净化厂的火炬主要处理净化厂内脱硫装置、脱水装置和硫黄回收装置、净化厂外的集气总站、赵家坝污水站在开、停工时或事故状态下需向火炬排放可燃气体。针对装置排向火炬的可燃气体有高、低压两种压力等级，不同系列间高、低压泄放两种事故有可能同时发生，并且高、低压放空气体的允许背压不同，全厂设置高、低压两套管网、水封和分液设备及高、低压两套火炬系统。

为了确保上游工艺装置及火炬本身的安全，火炬筒顶部设置流体密封，其密封气采用燃料气。火炬采用先进的点火和控制系统。可实现自动点火操作室远程点火和现场就地点火。每套火炬筒体配一套高空点火器和一套地面点火器。

当集输末站发生事故工况时，净化厂相对应系列停运，管线内气体采用保压处理；当净化厂内某系列的高压或者低压需要放空时，发生事故的系列停运，切断进、出装置的天然气；当输气首站需要放空，净化厂紧急停运，管线内的气体进行保压处理。

④ 恶臭治理。为尽可能保护大气环境，减少 H_2S 的排放，除尾气吸收塔顶的尾气外，装置中的其他工艺废气也送入尾气焚烧炉进行焚烧，包括胺液回收罐、酸水回收罐和酸水罐的放空气体，闪蒸气吸收塔顶气，液硫池抽空器出口气，末级硫冷凝器的尾气处理装置旁路尾气（正常无流量），急冷塔的开工气体以及 TEG 再生塔顶气体。

来自各级硫冷凝器的液硫重力自流至液硫池，在液硫池中通过 Black&Veatch 的专利 $MAG^®$ 脱气工艺可将液硫中的 H_2S 脱除至 10ppm 以下。

厂内各废水收集池、污水处理场的生产污水收集池、生活污水收集池、污泥池等均设置盖板等措施。

（2）废水防治措施。

① 排水系统划分。排水系统按照"清污分流和污污分治"的原则进行划分，共分为下列三个系统。生活污水排水系统：收集厕所、办公室等产生的生活污水。重力流排至污水处理场统一处理，达标后排放。生产污水排水系统：主要收集生产装置区、罐区排出的生产污水。收集后排至污水处理场进行处理或排入污水回注站。雨水排水系统：按区域分别收集厂区地面雨水、厂区清净废水。

② 雨水监控池兼事故排放池。全厂三个台地的初期雨水及清净废水自流进入雨水监测池兼事故排放池。在池内可取水进行监控，若水质达标直接从厂区南侧排放至厂外排洪沟，不合格水通过泵送至污水处理场。

③ 污染雨水储存池。污染雨水储存池（60m×50m×6m）可贮存 3h 的消防水量或 15mm 污染区面积的雨水量，当厂区内有毒物料泄露或发生火灾时，有毒物料或消防排水可贮存在该水池中。池内设置提升泵 2 台，一用一备，将池中污

水提升至污水处理场进行处理。

④ 污水处理场。净化厂的污水处理场规模为30t/h，出水执行《污水综合排放标准》（GB 8978—1996）一级排放标准。由于污水处理场的来水均为间断流，考虑到检修污水及初期雨水水量较大，设置两个3000m³的调节罐分别储存检修污水及初期雨水。

正常工况时，装置内无生产污水排放，污水处理场只需处理少量生活污水，但生化处理需要充分考虑初期雨水和检修污水，因此针对污水处理场来水的性质和特点，生化工艺采用序批式活性污泥法（SBR）。其操作程序是在一个反应器内依次完成进水、生化反应（曝气）、泥水沉淀分离、排放上清液（排水）和闲置5个基本过程，上述5个过程作为一个操作周期，这种操作周期周而复始进行。SBR法可省去二沉池和污泥回流设备，与传统活性污泥法比较，具有构筑物少、占地少、设备少、投资省、维护管理方便等优点。

SBR法耐冲击负荷能力强，可根据进水水质和水量的变化调节排水比，以起到稀释的作用。本工程中设置两个SBR反应池，因此既可间歇进水也可连续进水，从反应形式来看，曝气池内混合液为完全混合，曝气时间短且效率高，且可以保证出水水质。

为保证出水水质，生化处理出水采用连续流砂过滤器进一步去除悬浮物和胶体颗粒物。连续流砂过滤器是一种独特的过滤设备，通过连续过滤连续清洗的过滤作用，去除水中的悬浮物，具有过滤效果好、操作简单、运行可靠等优点；采用连续过滤连续清洗的运行方式，确保过滤层不形成堵塞和结块，且不需要强度很高的反洗，大大提高了处理效果的稳定性。

⑤ 固体废物防治措施。废催化剂由厂家回收，一般废物和化学废物委托当地有资质的专业化公司进行处置。

⑥ 噪声防治措施。

a. 在生产允许的条件下，尽可能选用低噪声设备，如机泵、空冷器风机。

b. 对大型压缩机、风机等设备采取增加隔音罩措施。

c. 蒸汽放空口、空气放空口、引风机入口加设消声器。

d. 焚烧炉采用低噪声火嘴。

e. 在平面布置中，尽可能将高噪声设备布置在远离敏感目标的位置。

思考题

1. 什么是环境？什么是环境问题？什么是环境污染？什么是可持续发展？

2. 环境科学有哪些基本任务？

3. 请您谈一谈自己对环境保护与可持续发展的理解。

4. 环境法是什么？环境保护法律体系由哪些部分构成？

5. 我国环境保护的基本法的名称是什么？还派生出了哪几部法律？

6. 简述石油企业环境管理的各环节，油气田环境监测的内容包括哪些方面？

7. 石油勘探开发过程中，在地质勘探、钻井、测井、井下作业、采油（气）、油气集输和储运等不同工艺阶段，其污染源分别有哪些？

8. 石油勘探开发环境影响的特点有哪些？

9. 请结合您所在的工作岗位，谈一谈在生产过程中遇到的的主要污染源及其污染物以及治理污染源或防治环境污染的主要措施是什么？